乡村振兴•职业技能培训系列教材

# 职业道德与法律常识

李纯良　刘国垠　赵学军◎主编

• 培训技能人才
• 推动乡村振兴
• 助力农民增收致富

中国农业科学技术出版社

**图书在版编目（CIP）数据**

职业道德与法律常识 / 李纯良，刘国垠，赵学军主编 .—北京：中国农业科学技术出版社，2021.4

ISBN 978-7-5116-5233-1

Ⅰ.①职… Ⅱ.①李… ②刘… ③赵… Ⅲ.①民工-职业道德-基本知识-中国②民工-法律-基本知识-中国 Ⅳ.①B822.9②D92

中国版本图书馆 CIP 数据核字（2021）第 049729 号

| | |
|---|---|
| **责任编辑** | 崔改泵　褚　怡 |
| **责任校对** | 马广洋 |
| **责任印制** | 姜义伟　王思文 |

| | |
|---|---|
| **出 版 者** | 中国农业科学技术出版社<br>北京市中关村南大街 12 号　邮编：100081 |
| **电　　话** | (010)82109194(出版中心) (010)82109702(发行部)<br>(010)82109709(读者服务部) |
| **传　　真** | (010)82109698 |
| **网　　址** | http://www.castp.cn |
| **经 销 者** | 各地新华书店 |
| **印 刷 者** | 河北鑫彩博图印刷有限公司 |
| **开　　本** | 880 mm×1 230 mm　1/32 |
| **印　　张** | 4.75 |
| **字　　数** | 132 千字 |
| **版　　次** | 2021 年 4 月第 1 版　2021 年 4 月第 1 次印刷 |
| **定　　价** | 30.00 元 |

# 《职业道德与法律常识》
# 编委会

# 前　言

学习职业道德与法律是为了了解社会主义职业道德和提高社会主义法制修养，深刻理解道德和法制对建设中国特色社会主义的重要性和必要性，结合实际，树立正确的职业道德信念，自觉践行职业道德，自觉遵守法律，逐步养成良好的职业行为和社会生活习惯，增强责任感，明了自己的工作职责和工作任务，增强做好本职工作的使命感，锻炼成为一个具有良好社会主义职业道德并能够自觉维护法律秩序的公民。

本书浅显易懂，学习职业道德和法律知识有利于促进我国社会主义道德和法治建设及农村政治建设和文化建设，也有利于提高农民的职业素质、法律素养和法律意识。

由于编者水平所限，书中定会存在疏漏之处，望广大读者批评指正。

编　者

# 目　录

## 上篇　职业道德

## 下篇　法律常识

# 上篇　职业道德

## 第一章　职业与职业道德

中华传统美德的内容博大精深，涉及社会生活的各个领域，而且始终被社会和大众所接受，是衡量人们道德品质好坏的一个秤杆。

### 第一节　遵守职业道德是从业之本

【经典案例】

梁某应聘到一家建筑公司当业务员，试用期 1 个月。

试用开始 2 周后的一天，部门经理让他单独去送投标材料。送材料时，他认识了该公司的竞争对手于某，两人谈得非常投机。

3 天后，于某承诺给梁某 2 000 元钱，想知道梁某所在公司投标材料的内容，梁某答应了。当他将 2 000 元钱拿到手时被公司告知："你被辞退了。"

原来，所谓的投标和竞争对手，都是用人单位虚拟出来的，目的是要测试梁某的职业道德。

据悉，很多用人单位在试用期间都增设了"思想品德和职业道德测试"。由于这些测试都是用人单位根据实际情况自行制定的，有的与其业务密切相关，有的则只是日常生活细节。测试未通过者，即使业务水平较高，用人单位也不会聘用。

## 一、职业道德的概念

职业道德与人们的职业生活紧密地联系在一起，它是从职业活动中引申出来的。所谓职业道德，就是指从事一定职业的人们在职业生活中所应遵循的道德规范以及与之相适应的道德观念、道德情操和道德品质。职业道德是一定社会占主导地位的道德在职业活动中的具体体现，是从事一定职业的人们在职业活动中应遵循的特殊的道德准则和行为规范。职业道德是同人们的职业活动紧密联系的。由于从事某种特定职业的人们，有着共同的劳动方式，受到共同的职业训练，因而，往往具有共同的职业理想、兴趣、爱好、习惯和心理特征，结合某种特殊的关系，形成特殊的职业责任和职业纪律，从而产生特殊的行为规范和道德要求。

职业道德在现实中是一个庞大的道德体系。正如恩格斯指出的，在社会生活中，“实际上，每一个阶级，甚至每一个行业，都各有各的道德”。不同的职业，有其不同的职业道德。职业道德可区分为两个层面，即基础层面的职业道德和具体层面的职业道德。其中，基础层面的职业道德是一定社会职业道德原则及其规范的抽象，是对各种职业道德的共性的概括；具体层面的职业道德亦称行业职业道德，它是以该社会一般职业道德为依据，并着重体现本行业或本职业特殊要求的职业道德。这两个层面的职业道德是一般与特殊的关系，或者说是整体与个别的关系。

## 二、职业道德的社会作用

### （一）调整职业工作者与服务对象的关系

如医务道德调整医务人员与患者的关系，商业道德调整商业人员与顾客的关系，艺德调整艺术家与观众的关系，新闻出版道德调整记者、编辑与读者之间的关系，司法道德调整司法人员与当事人的关系等。职业工作者与服务对象的关系，实际上是职业对社会的关系，是从职业的性质和特点出发，为社会服务，并在这种服务中求得职业的生存和发展。

（二）调整职业内部的关系

这包括调整领导与被领导之间、各部门之间以及同事之间的关系。调整领导与被领导者之间关系的要求是，领导与被领导者都要自觉遵守相互合作的原则，领导者处事要公正，爱护和体贴下级；下级要尊重上级，创造性地完成本职工作。各部门之间要互相信任，互相支持，讲团结，讲风格，把方便让给别人，把困难留给自己；同事之间要平等、互助，建立与发展新型的人际关系。哪个单位实现了这些基本要求，哪里就会协调统一，团结向上；反之，如果互相拆台，互相掣肘，势必事倍功半，甚至一事无成。

（三）调整行业之间的关系

通过职业道德的调整，使各行业之间能够协调统一。这突出地表现在生产、流通中关系密切的行业间。如工业和商业、旅游与交通等，它们之间必须充分信任，互相支援，共同履行社会职责。否则，不仅要受到行政甚至法律的干预，而且要受到“道德法庭”的谴责。职业道德要求各相关部门或行业既各司其职，又相互协作。

（四）促进职业人员的成长

一个人有了职业，就标志着这个人正式步入了社会。从此，他的生活就紧紧地和职业生活联系在一起。人们通过职业实践处理个人与他人、个人与社会的关系，并接受职业道德的熏陶。由于职业道德同职业人员的切身利益息息相关，感受真切，人们往往通过职业道德接受或深化一般社会道德，形成职业人员的道德境界。职业道德是职业人员在职业实践中得以成长的重要条件。古今中外，所有德高望重及事业上有成就的人，都是非常注重职业道德修养的。我们在现实生活中可以看到，一个讲职业道德的人，也必然是讲社会公德的人。注重职业道德水平的提高，不仅可以培育造就一代“四有”新人，而且可以大大促进社会道德风尚的发展。

## 第二节　爱岗敬业

【经典案例】

有一位技艺高超的木匠，因为年事已高就要退休了，他告诉他的老板：他想离开建筑业，然后和妻子儿女享受一下轻松自在的生活。老板实在是有点舍不得这样好的木匠离去，所以希望他能在离开前再盖一栋具有个人品位的房子来。木匠欣然答应了，不过令人遗憾的是，这一次他并没有很用心。他草草地用劣质的材料就把这间屋子盖好了。其实，用这种方式来结束他的职业生涯，实在是有点不妥。房子落成时，老板来了，顺便看了看，然后把大门的钥匙交给木匠说：“这就是你的房子，是我送给你的一个礼物！”木匠实在是太惊讶了！他震惊得目瞪口呆，羞愧得无地自容，当然也非常后悔。因为如果他知道这间房子是盖给他自己的，他一定会用很好的木材、最精致的工艺来把它盖好。

这只是一则故事。可现实生活中，这样敷衍塞责的现象却比比皆是。虽然我们还没有像老木匠那样即将退休，却总是像老木匠在退休前夕建最后一栋房子那样马马虎虎、应付了事，以致问题成堆、灾难不断。

### 一、爱岗敬业的含义

爱岗就是热爱自己的工作岗位，热爱本职工作，亦称热爱本职。爱岗是对人们工作态度的一种普遍要求。热爱本职，就是职业工作者以正确的态度对待各种职业劳动，努力培养热爱自己所从事的工作的幸福感、荣誉感。一个人，一旦爱上了自己的职业，他的身心就会融合在职业工作中，就能在平凡的岗位上，做出不平凡的事业。

敬业就是用一种严肃的态度对待自己的工作，勤勤恳恳、兢兢业业，忠于职守，尽职尽责。中国古代思想家就提倡敬业精神，孔子称之为“执事敬”，朱熹解释敬业为“专心致志，以事其业”。敬业包含两层含义。一为谋生敬业。许多人是抱着强烈的挣钱养家、发财致富的目的对待职业的。这种敬业道德因素较少，个人利益色彩多。二为真正认识到自己工作意义的敬业。这是高一层次的敬业，这种内在的精神，才是鼓舞人们勤勤恳恳，认真负责工作的强大动力。

## 二、爱岗敬业的基本要求

### （一）乐业

乐业就是喜欢自己的专业，热爱自己的本职工作。要做到这一点，首先要认识自己所从事的职业在社会生活中的作用和意义。

在社会主义社会，任何职业都是社会生活所离不开的，所以总要有人去干。如果谁都不愿意当教师，那么谁去培养下一代？如果谁都不想从医，那么谁去治病救人？如果谁都不愿务农，粮食从何而来？如果没人当兵，谁来保家卫国？要克服职业偏见，确立积极向上的人生态度。有人说，伟大的科学发现和重要的岗位，容易调动敬业精神，而一些普普通通的工作，想敬业也敬不起来。道理并非如此。在这些人眼里，房屋维修工作和公共汽车售票员工作再平凡不过了，但徐虎、李素丽并没有看不起这份工作，他们发扬敬业精神，在平凡的岗位上做出不平凡的贡献，感召了成千上万人投身到现代化建设中，有谁能小看他们的成就，小看他们的人生意义呢？徐虎和李素丽的事迹说明，任何平凡的工作都可以干得有出息，关键就看你能不能做到敬业。在平凡的岗位上长期爱岗敬业，创造让党和人民满意的业绩，同样需要坚忍不拔的毅力。其次是对自己从事的工作要抱有浓厚的兴趣。要把职业生活看成是一种乐趣，而不是一种负担。梁启超说过，“乐业即是趣味。”职业兴趣影响职业的方向和选择。

（二）勤业

勤业就是勤奋学习专业，钻研自己的本职工作。要做到这一点，一要勤奋，二要刻苦，三要顽强。勤奋，就是要做到手勤、脚勤、眼勤、脑勤，这是提高学习和工作效率的关键。刻苦，就是能经受得起工作中的艰难困苦，这是勤业必须具备的一种精神。电脑打字员每天要敲击无数次键盘，经常会手指麻木；售货员每天要接待成百上千的顾客，有时候会口干舌燥；汽车司机，长时间高度精神集中，长时间保持同一个姿势……这些都需要有刻苦的精神作为支撑。顽强，就是有勇气、有毅力去克服职业生活中不时遇到的各种困难。

勤业就是对自己所从事的职业倾情奉献，做到出满勤、干满点、满负荷，不计名、不计利、不虑失；就是要干满一分钟，尽责60秒，不投机取巧、不懒散懈怠；就是要具备高尚的职业操守，埋头苦干，任劳任怨，默默奉献；就是要坚定信仰、始终如一，以高昂的热情全身心投入到工作中，勤奋耕耘。勤劳是一笔精神财富，勤奋是通向成功的桥梁。要比别人出色，就得勤业；要比别人卓越，除了勤业也别无选择。

勤业就是对自己所从事的职业勤奋刻苦。勤奋刻苦是一所学校，勤劳本身就是一种财富。只有那些在艰苦探索的过程中付出了辛勤劳动的人，才有可能取得令人瞩目的成果；也只有那些兢兢业业、忘我工作的人，才有可能赢得不断进步的机会。一个人要想有所作为，勤奋刻苦干事才是成功之路，投机取巧钻营绝非高明之策，懒惰、懈怠、抱怨则永无出头之日。我们每个人，都要把严谨、细致、踏实、勤恳的爱岗敬业理念，贯穿于日常工作和生活的每个环节，力求把每一件看似平常的小事做细、做实、做好。

（三）精业

精业就是使自己本职工作的技术、业务水平不断提高，精益求精。精业要有严格要求、一丝不苟的工作态度。北京百货大楼的售货员张秉贵，为了减少顾客排队时间，提高工作效率，练就了“一抓准”和“一口清”的绝活。“一抓准”，就是在卖糖果时，能够做到顾客要多少，一手抓起来的就是多少；“一口清”，就是边称量边计价，一口算清。

有一位年轻人在美国某石油公司工作，学历不高，也没有什么特别的技术，他的工作小孩都可以胜任，那就是巡视并确认石油罐盖有没有自动焊接好。石油罐在输送带上移动至放置台上，焊接剂便自动滴，沿着盖子转一圈，作业就结束。他每天如此反复几百次地干着这种作业。后来他集中精神观察，发现罐子放置一次，焊接剂滴落 39 滴，焊接工作便告结束。于是，他努力思考：能不能将焊接剂减少一两滴，这样就可以减少成本。经过一番钻研，他研制出了“38 滴型焊接机”。虽然节省的只是一滴焊剂，却给公司带来了 5 亿美元的利润。这个青年，就是后来掌握全美石油业界 95%实权的石油大王——约翰·洛克菲勒。总之，爱岗敬业的要求归结成一句话就是：干一行，爱一行，钻一行，精一行。

## 三、怎样做到爱岗敬业

在现实工作中，要真正做到“爱岗敬业”，的确不是一件容易的事。一般来说，条件好、工作轻松、收入高的岗位，做到爱岗敬业容易；相反，条件较差、工作艰苦、收入不高的岗位，做到爱岗敬业不容易；另外，有些人特别是青年人，心浮气躁，对自我缺乏正确的评价，这山望着那山高，随时想“跳槽”，连爱岗都谈不上，更不用说敬业了！

第一，要做到爱岗敬业必须树立全心全意为人民服务的思想。爱岗敬业的精神，实际上就是为人民服务精神的具体体现。

为人民服务不是抽象的，它体现在每个从业人员的具体工作中、劳动中。每个从业人员若能在自己的工作岗位上，尽职尽责，全心全意为人民服务，中国特色的社会主义建设事业就会欣欣向荣，广大人民的物质需求和精神需求就会得到不断地满足和提高，建设小康社会的目标就能够胜利实现。

第二，要做到爱岗敬业必须专心致志地搞好本职工作，干一行爱一行。我们所处的时代，是一个改革的时代、创新的时代，更是一个竞争的时代，对每个从业者的业务水平、技术素质、工作能力都提出了更高的要求，每个从业者要在各自的岗位上做出贡献，就必须熟悉本专业的基本性质和要求，必须熟练地掌握本职工作的业务和基本技能，必须懂得本职业起码的职业道德要求，否则，就很难让人相信他能真正做到爱岗敬业。如果没有干一行、爱一行的精神，总是这山望着那山高，不专心于本职工作，很难设想这样的人会做好本职工作。

个人的能力素质直接决定着爱岗敬业和奉献的质量。只有把主观上的勤学上进和爱岗敬业奉献精神相结合，我们才能在学习和实践中使个人素质不断提高，个人对企业的价值也才会更大。专业素质是影响和制约爱岗敬业奉献质量的直接因素，专业素质强，敬业奉献的质量就高，反之亦然。因此，培养自己优良的专业素质也是爱岗敬业的一项基本任务。

第三，要做到爱岗敬业还要有乐于奉献的精神，多付出，少索取。只要有爱岗敬业、忠于职守的职业道德，就能创造一流的工作业绩。对于一个团队、一个集体来说，爱岗敬业可以增强凝聚力，可以催生战斗力，可以激发感召力；对于一个人来说，爱岗敬业则是一种精神支柱和崇高追求。

每一个工作岗位都有人在默默奉献。爱岗敬业是人类社会最为普遍的奉献精神，一个人在任何工作岗位上都可以做出贡献。因为伟大出自平凡，没有平凡的爱岗敬业，就没有伟大的奉献。缺乏爱岗敬业精神的员工，根本就是忘记了奉献精神，工作时喊苦、叫累。他们每天到单位去就像例行公事一般，成天情绪低落、腰酸腿痛，遇到一点挫折就怨天怪地、满腹牢骚。唯一高兴的日子就是每月发薪水的时候。这样的员工永远没有好前途。我们知道，所有的成功，都来自自己的努力和自己对工作的投入。有的人幻想不劳而获，可是不经历风雨，怎么见彩虹？不耕耘，哪里有收获？而是否愿意为了工作而全力以赴，这些将在很大程度上影响到自己的实际命运。为什么自己的薪水始终没有提升？为什么自己的工作能力没有得到肯定？为什么自己一直停滞不前？为什么自己屡战屡败？只因自己没有坚定的信念，除非愿意为了事业和生活而努力付出，否则，自己的一生必然难以顺心如意。要想把工作做得更好，就要比别人多付出辛勤的汗水，一分耕耘一分收获。鲁迅先生说过：哪里有天才，我是把别人喝咖啡的时间都用在写作上了。当代许多取得辉煌成绩的典型人物，他们付出了比别人更多的辛勤汗水，付出了比别人更多的劳动，成为我们学习的楷模。我们在工作中要发扬这种精神，无私奉献，勇于进取。

第四，求职者是不是具有爱岗敬业的精神，是用人单位挑选人才的一项非常重要的标准。用人单位往往录用那些具有爱岗敬业精神的人。爱岗敬业要求每个人干一行爱一行。过去在计划经济体制下，我们每个人都要服从国家的分配，国家按计划把我们每个人安排到一定的工作岗位上，我们不论走上哪个工作岗位都要干一行爱一行。目前，在我国市场经济条件下，实行的是求职者与用人单位的双向选择，这种就业方式的好处，就是能使更多的人从事自己感兴趣的工作，用人单位也能挑选自己所需要的合适人选。在社会主义市场经济条件下，双向选择的就业方式为更好地发挥人的积极性创造了条件。

当前就业市场正在逐步趋向成熟，从过去的看重文凭，到看重实际工作能力和实践经验，再到现在的看重职业态度，清晰地折射出了就业市场和用人单位在选择人才和用人上的“三部曲”。

近几年，就业压力很大，我们每个人应该更加珍惜所拥有的工作，应该更加珍惜自己的工作岗位，不能站在这山望着那山高。

## 第三节 诚实守信

【经典案例】

我国古代流传着这样一个小故事。说有一户人家，夫妻俩经营一个小酒店。因酒香味美、价格低廉，生意还算兴隆。一日，丈夫外出办事，仅妻子一人在家经营。过了一些日子，酒剩得不多了，可是顾客却很多。怎么办呢？妻子灵机一动，往酒缸里倒进不少水。几天后，丈夫回来了。妻子高兴地把这件事告诉了他，并说从中赚了许多钱。没想到，丈夫号啕大哭。妻子感到奇怪，怎么赚了钱还哭？丈夫说："你把咱们家最值钱的东西给卖了！"妻子更诧异了："我卖什么最值钱的东西了？"丈夫说："你把咱们家多少年苦心经营才得来的最宝贵的东西——'信誉'给卖了呀！今后咱们的日子可怎么过呀！"

诚实守信，是做人的根本，是中华民族的传统美德，也是优良的职业作风。诚实守信是职业活动中调节从业人员与工作对象之间关系的重要行为准则，也是社会主义道德的基本规范。

### 一、诚实守信的含义

诚实守信是忠诚老实、信守诺言，是为人处世的一种美德，是从业者在履行岗位职责的过程中诚实劳动、讲求信誉。

所谓诚实，就是忠诚老实，不讲假话。诚实的人能忠实于事物的本来面目，不歪曲、不篡改事实，同时也不隐瞒自己的真实思想，光明磊落，言语真切，处事实在。诚实的人反对投机取巧，趋炎附势，吹拍奉迎，见风使舵，争功诿过，弄虚作假，口是心非。

一个忠诚老实的人对客观事物的认识能力也是有限的，不可能事事时时准确地反映客观事物的内在规律。因此，忠诚老实的人也有可能犯错误，但同虚伪的人犯错误的性质不同。诚实的人犯错误是由于认识能力和认识方法方面的问题造成的，而虚伪的人犯错误则是由于不诚实，属于道德品质问题。

所谓守信，就是信守诺言，说话算数，讲信誉，重信用，履行自己应承担的义务。

《说文解字》中说："诚，信也；信，诚也。""诚"多指"内诚于心"，"信"则偏重于"外信于人"。诚实和守信是统一的，就个人而言，诚实守信是高尚的人格力量；就单位而言，诚实守信是宝贵的无形资产；就社会而言，诚实守信是正常秩序的基本保证；就国家而言，诚实守信是良好的国际形象。诚实守信应成为公民的立人之本、家庭之道、经商之宝、交友之道、为政之道。

诚实和守信两者的意思是相通的，是互相联系在一起的，都要求言行跟思想一致。不伪装、不虚假，说话办事实事求是、讲信用。诚实是守信的思想基础，守信是诚实的外在表现，不诚实很难做到守信，不守信也很难说是真正的诚实。只有内心诚实，待人诚恳真挚，做事才能讲信用，有信誉。"诚实"是真实不欺，"信"也是真实不欺。诚实侧重于对客观事实的反映是真实的，对自己内心的思想、情感的表达是真实的。守信侧重于对自己应承担、履行的责任和义务的忠实，毫无保留地实践自己的诺言。

## 二、怎样做到诚实守信

诚实守信是市场经济的一个本质规定，是作为市场经济主体所必需遵循的规则，是企业的无形资产，可以为企业带来经济效益。同时，诚实守信也是大工业和市场发展到一定程度的必然产物，它对社会经济的发展起到了推动作用。那么我们怎样才能做到诚实守信呢？

第一，重质量，重服务，重信誉。产品质量和服务质量直接关系到企业的信誉，是企业的生命。产品质量高、服务质量高，企业的信誉就高，其产品让消费者信得过，企业也就拥有了强大的生命力。相反，产品质量低下，会使消费者感到受到了欺骗，企业也就没有信誉可言。因此，要做到诚实守信，必须做到重质量，重服务，重信誉。

第二，诚实劳动，合法经营。企业有以质量为中心的科学的生产和工作程序。从业者应严格按照每道工序的操作程序去做，做到诚实劳动，文明生产。经济利益会使意志薄弱者忘记自己应遵守的职业道德，投机取巧、偷工减料、制假售假、缺斤少两、坑害消费者；为眼前利益，使用一切非法手段，买空卖空，倒买倒卖，牟取暴利。从业人员在职业活动中，只有诚实劳动、合法经营，才能维护消费者利益，才能做到诚实守信。

第三，实事求是，不讲假话。这要求从业人员平时对领导、同事、顾客、国家不讲假话，不讲空话。对工作中的成绩不多讲一分，对工作中的失误也不少讲一分，对产品的质量宣传要合乎实际，产品广告不能随意吹嘘，广告力求做到诚、真、实。只有实事求是，不讲假话，才能做到诚实守信。

第四，提高技能，创造名牌产品。名牌产品本身就意味着诚实守信，但创造名牌并非易事，要求从业人员必须刻苦学习专业知识和技能。在市场经济条件下，竞争在社会主义经济发展中的作用日益突出，生产力诸要素不断智能化的规律越来越被强化。竞争迫使企业在利润最大化的原则下，投资发展先进设备和先进工艺，重金网罗各种高级科技人才和高级管理人才，开发新产品，创造名优名牌商品。即使是普通劳动者，也必须具备较高的科学文化知识、丰富的专业生产（服务）技术和先进的专业技能，才能生产创造出令人信服的精品、名牌。只有不断提高技能，才能做到诚实守信，才能在现代化的生产中发挥更大的作用。

### 三、诚实守信是职业道德的基本要求

诚实守信是职业道德的基本要求。社会主义的职业是人们个人发展和为人民服务的手段，诚实守信是人与人、个人与集体、个人与社会关系的基本行为准则。一个人在职业岗位上能否做到诚实守信，取决于他追求什么，能否从中找到人生的意义和乐趣。如果一个人只把谋生当作职业追求，那么，在职业生涯中，他只不过是一个“挣钱的机器”，不会有更多的价值和乐趣。在职业中，只有诚实的劳动和创造，才是人生光荣境界的标志，而贪婪、虚伪和欺诈则是人生的堕落和渺小。

## 第四节　办事公道

【经典案例】

三国时诸葛亮执行公正、挥泪斩马谡的故事千古传颂。宋朝的包公，几乎是家喻户晓。人们敬仰包公，就是因为他办事公道，能秉公办事。

### 一、办事公道的含义

公道，是人类追求的基本价值，是社会进步的标志。公道，即公正的道理。

办事公道就是要求所有从业人员在本职工作中，以国家法律、各种纪律以及公共道德准则为标准，秉公办事，公平、公正、公开地处理问题，平等待人，不偏不倚，不以权害公，不以私害民，不损公肥私。

### 二、办事公道要求

社会主义市场经济要求每一市场主体不仅在法律上是平等

的，而且在人的尊严与社会权益上都是平等的。人与人之间只有能力与社会分工的不同，没有高低贵贱之分，大家应当互相尊重，互惠互利，互相友爱，平等待人。办事公道的基本要求是客观公正、照章办事。

（一）客观公正

客观公正，即遇事从客观事实出发，并能做出客观、公正的判断和处理。客观、公正、无私是检验每一个从业人员有无职业良知，是否尽忠尽职的试金石。只有加强职业道德修养，才能真正做到“常在河边走，就是不湿鞋”。否则就会有章不行，有法不依，玩忽职守，丧失原则。

（二）照章办事

照章办事，就是按照规章制度来对待所有人。要坚持有章有法的事，没钱没名利、没人没后台也办；无章无法的事，给钱有关系也不办。一件事办不办，不是取决于事成之后，能否从中得多少钱、能否为升官晋爵铺平道路，而是取决于所办之事是否符合规章制度的要求，是否符合法律、法规的规定。那种看钱和关系下菜碟，办假事，办虚事，欺上瞒下，唯领导是从的做法，是不得人心的。

## 三、办事公道的意义

（一）办事公道有助于社会文明程度的提高

改革开放以来，中国经济社会发生了深刻变化，尤其是在建立社会主义市场经济过程中，人们的思想观念发生了重大变化。胡锦涛同志关于社会主义荣辱观的重要讲话，精辟地概括了社会主义社会的主导价值体系和我们所倡导的社会主义基本道德规范，是新时期推进社会主义精神文明建设，促进良好社会风气形成和发展的重要指导思想。因为，社会风气之好坏，不仅标志着一个社会文明程度的高低，而且，还影响着社会良好道德环境的生成。

在各行各业都存在着形形色色的行业不正之风，严重侵害着职业的功能，侵害着职业的形象。而廉洁奉公、办事公道是有效纠正和坚决抵制行业不正之风的重要武器。如果每个从业者都能从我做起，从小事做起，从本职工作做起，增强法制观念，自觉做到廉洁奉公、办事公道，那么以权谋私的行业不正之风就会失去存在的市场，就会受到坚决的抵制和有效的纠正，就会形成良好的职业道德风尚，就会净化整个社会风气，社会精神文明建设就会得到进一步加强。

古人云“人人好公，则天下太平；人人营私，则天下大乱。”公道正派作为一种社会伦理，它增进了人与人之间的和谐，净化了社会的风气；作为一种职业道德，它坚守了职责的底线，维护了人民的利益；作为一种民族精神，它凝聚了群众的力量，推动了社会文明的进步。人民呼唤它，社会需要它。所以说，公道正派是我们民族精神的擎天玉柱，是撑起我们社会文明的天平。

### (二) 办事公道是市场经济良性运作的有效保证

当前我们正处于市场经济的大潮中，市场经济是一种契约性经济，办事公道既是市场经济的内在要求，更是市场经济良性运作的有效保证。因此，契约及其员工的一切职业活动，必须客观公正，既要有公道之心，更要有公道之行。

经济学家吴敬琏认为，市场经济的道德秩序，主要是由经济伦理的第一层次——职业道德和经济信用构成，这两者构成了人们的行为准则，是市场经济运作的基石和市场有序化的保证。而在现代企业竞争中，各行各业出现了职业道德危机，有些企业获取财富不是依靠履行其职业责任，而是依仗其广告宣传的手段来得以实现的。最初他们把产品和服务说得天花乱坠，可是当钱拿到手之后就万事大吉了。与此同时还出现了严重的经济信用失常现象，最突出的表现有两种：一种是经济合同的失效，导致经济信用梗阻；另一种是假冒伪劣商品充斥市场。

据有关调查公司的调查结果显示，我国目前，很多人对商业伦理的熟悉程度远远不够。他们对商业伦理规则处在低水平的自发遵循状态，对商业伦理重要性的认识与实际生活中非道德商业行为的高度容忍形成强烈反差。尽管人们期待诚信、公正的商业伦理关系，但是由于利益驱动，往往使一些人屈从于违反职业道德的现实。因此，市场经济要求各行各业从业人员都必须遵守办事公道这一基本原则和行为规范。办事公道，要求从业人员坚持原则，依照有关的法律、法规、政策、规章制度去处理问题，反对不讲原则、违法乱纪。办事公道，要求从业人员把自己和服务对象放在平等的地位上，在履行职业义务时做到文明礼貌、热情周到、公平对待、童叟无欺。各行各业，特别是行政执法、管理部门，要扎实开展“心系事业，志在富民”主题教育活动，大力推行“公示制”，公开办事制度，公开办事程序，公开收费标准，真正做到不徇私情、秉公办事。否则，办事不公正，徇私舞弊，势必会损害社会主义平等竞争的原则，形成不正当竞争，造成新的不平等，就会对社会各方面产生消极的影响，最终会阻碍社会经济的发展。

## 第五节　服务群众

### 一、服务群众的含义

服务群众，就是全心全意地为人民服务。它是指在职业活动中一切从群众的利益出发，为群众着想，急群众所急，忧群众所忧，乐群众所乐，为群众提供高质量的服务。服务群众作为职业道德的基本规范，指出了我们的职业与人民群众的关系，指出了我们工作的主要服务对象是人民群众，指出了我们心里应装着人民群众、依靠人民群众。

## 二、服务群众的要求

社会每个从业者的职业道德意识如何，直接影响到社会风气和文明程度，现在的社会提倡“人人是服务者，人人又是被服务者”，人与人之间要互相服务。社会主义道德的核心是为人民服务，职业场所是体现这一核心要求的重要领域，职业活动使得为人民服务获得了具体的内容和表现形式，为人民服务的道德要求也在职业活动中表现出强大的生命力。职业活动的属性、目的不是任意确定的，而是要基于群众的需要；职业活动的价值评判标准掌握在服务对象手中，因此，服务群众必然成为职业活动的内在需要。在职业活动中提倡服务群众，并不是一个高不可攀的道德标准，在社会主义社会里，每个公民无论从事什么工作、能力如何，都能够在本职岗位上，通过不同的形式为人民服务。每一个从业人员在职业活动中，都自觉遵循服务群众的要求，整个社会就会形成一种人人都是服务者，人人都是服务对象的良好秩序与和谐状态。服务群众的要求至少包括 3 个方面。

### （一）要对群众热情周到

热情周到，即从业人员对服务对象抱以主动、热情、耐心的态度，把群众当作亲人，服务细致周到，勤勤恳恳。

能否真正服务群众，通过服务态度可以最直观、最清楚地反映出来。社会主义市场经济条件下，服务态度好与坏，也是对群众尊重与否的重要标志。如果能做到不论远近亲疏，只要群众上门就笑脸相迎、报以满面春风，对方就会如沐春风，有宾至如归之感，有话愿跟你说，有事愿找你办。那种“实行市场经济，认钱不认人”的言行实在是太浅薄了。仅就经济效益而言，没有热情的服务态度，“上帝”也不会光顾你的大门。

### （二）要满足群众需要

满足需要，即从业人员努力为群众提供方便，想群众之所想，急群众之所急，关心他人疾苦，主动为他人排忧解难。

（三）要有高超的服务技能

要服务好群众，使群众称心满意，不仅要有服务群众的主观愿望和热情的服务态度，而且要有高超的服务技能。掌握良好的专业技能，提高业务能力，是每个从业者对社会应尽的道德责任和道德义务。热爱本职，就要熟悉和精通本职业务。任何一个部门，都有着自己的本职业务。要提高服务质量，从业者就必须精通业务。精通业务是每一个工作者重要的道德准则。这就要求工作者既要勤于学习，通晓本职业务知识，熟练掌握本职劳动技能，提高工作效率，又要熟悉顾客需要，掌握顾客心理，提高服务质量。一个商场的服务员对本柜台经营的商品，不仅要熟知其分类、分档和商品的商标、规格、产地，而且要了解其性能和使用方法，学点顾客心理学等相关知识，这样才能解答顾客的各种疑问，使顾客高兴而来，满意而归。否则，一问三不知，顾客不会满意，相应地也会影响到企业的经济效益。精通业务，不仅需要上岗前的专业培训，更重要的是边工作边学习。要干什么学什么，缺什么补什么，在实践中学习，在岗位上练兵。经济发展的日新月异，使得各个行业的业务步入高速度、快节奏的进程。我们每一位工作者都应该刻苦学习新知识，拓展新业务，掌握新技术，努力提高业务素质，增强办事能力，高质量、高速度地完成各项工作任务。

## 第六节　奉献社会

### 一、奉献社会的含义

奉献，在古汉语中“奉”，即“捧”，意思是“给、献给”；“献”，原意为“献祭”，指“把实物或意见等恭敬庄严地送给集体或尊敬的人”。两个字合起来，奉献，就是“恭敬地交付、呈献”。

所谓奉献社会，就是一心为他人、为人民、为社会、为国家、为民族作出贡献。有这种境界的人，从事工作的目的，不是为了个人的名利，也不是为了家庭的名利，而是为了有益于他人、人民、社会、国家和民族。奉献是在自始至终贯穿着敬业等优良职业道德品质长期积累的基础上产生的。

## 二、奉献社会的要求

### （一）追求真理的精神

所谓真理是指人们对客观事物及其规律的正确认识。它正确反映了事物的本质和规律，因而是人们认识世界和改造世界的强大思想武器。每个真理都具有崇高的价值。真理是人类向大自然索取的利剑，是改造社会的武器，是高尚道德的基石。奉献社会在任何社会都是一条绝对的真理。科学发现的历史告诉我们，发现真理必须有足够的勇气。

第一，要有献身的决心。著名科学家法拉第就是怀着献身科学的坚定决心，勤奋工作，终于作出重大的科学贡献，成为被恩格斯称为“到现在为止的最伟大电学家”。

第二，要有勇于开拓的信心。奉献社会还必须具备勇于开拓的信心。在20世纪20年代，年轻的地质学家李四光在太行山东麓和大同盆地发现了冰川遗迹，证明中国存在第四纪冰川。然而遭到当时权威的否定，李四光坚信自己的观点，毫不动摇，发现了更多更充分的证据，终于使权威们信服于他的理论。李四光勇于开拓的精神，为祖国的科学事业作出了重大的贡献。

第三，要有坚定的信念。无数事实告诉我们，长久的奉献精神依赖坚定的信念和不懈的努力。电话机的发明者亚·贝尔，用两年的时间制成了世界上第一台电话机，但得到的却是嘲笑，他决心继续完善和宣传，在美国各大城市巡回表演，经过5年的努力，终于获得人们的信任，成立了贝尔电话公司，为人类贡献了一个伟大的发明。

第四，捍卫真理的气节。真理是社会进步势力和利益的代表，因此，必然同社会上的反动势力处于尖锐的对立之中。捍卫真理的气节，首先表现在高压面前宁折不弯的坚贞品格；其次表现为宁做真理殉道者的大无畏献身精神。捍卫真理不只要接受政治上的迫害，精神和肉体上的摧残，有时还要经受生与死的考验。意大利著名的天文学家和哲学家布鲁诺就为我们做出了榜样。每个立志为振兴中华而奋斗的青年，都要努力培养捍卫真理的崇高气节。

第五，要有发展真理的态度。世界是无穷的，作为对世界正确认识的真理当然也是无穷的；真理是具体的，有条件的，所以即使掌握了真理，也不能故步自封，还要从实际出发，进一步发现真理、发展真理。对待真理，要有永不满足的态度，这样才能为真理献身，为社会献身。

（二）培养高尚的人格

人格是道德的尺度和做人的尊严。人格的观念可以化作强大的道德力量，激发人向上，做好事而不做坏事。能够做到奉献社会的人一定具备高尚的人格，高尚的人格集中了人类美德的精华，可以用最瑰丽的字眼——高风亮节，来形容它的特色。

培养高尚的人格，首先要培养崇高的义务感。人生活在社会中，不论是否意识到，客观上都必然要求对社会和他人负有一定的责任和义务。崇高的义务感是人们行为的导向，时时告诉人们应该做什么，不应该做什么，一个人对自己肩负的责任认识得越清楚，履行义务的态度就越坚决，他的方向就越正确，行为就越崇高。高尚的人格是在履行自己对社会、对民族、对他人的义务中产生的。敬爱的周恩来总理就是有崇高义务感的典范。在“十年动乱”中，周恩来总理日理万机、神形憔悴，一位烈士子弟恳请他为人民保重身体，他深情地说：“我只有八个字‘鞠躬尽瘁，死而后已’。”周恩来总理将自己的最后一丝精力也献给了中华民族。义务感是理想人格的向导，忠实履行对社会、对民族和他人的义务，就一定会具有崇高的人格。

其次，培养无私的精神。历史向我们展示，只有无私的人，才会在任何时候都不计名利，奉献社会。无私者能够正确对待金钱。真正有道德的人，积极地为国家、为集体创造财富，而对个人的财富看得并不重要。人格高尚者都是重品格而轻钱财的。瑞典科学家诺贝尔一生获得数百项发明专利权，成为瑞典少有的富豪。然而他的生活极为简朴，从不吸烟、从不喝酒，他终身没有结婚，死后还把遗体献给了医学。他否定了亲友的继承权，创立了著名的诺贝尔奖学金。他的一生，就是科学家献身科学、造福人类的生动写照。无私者厌恶虚荣，达尔文、华莱士和法拉第等在对待荣誉问题时显示出的高尚人格，成为科学史上的美谈；无私者疏淡地位和学位。在这一点上，牛顿的前辈巴罗也给人们做出了优秀的榜样。踌躇满志的职业人，在年轻时代就要从日常小事做起，培养无私的品格，为终生道路奠定最重要的基石。

最后，培养正直的品质。人有脊梁，人格也有脊梁。人失去脊梁无法直立，人格失去脊梁就会变得庸俗低下。正直是基本的做人之道。无产阶级革命前辈陈毅、彭德怀是具有正直品质的典范。正直是一种崇高的气节，历来为人们所重视。战国时期的唯物主义哲学家荀卿说："节者，生死此者也。"（《荀子·君子》）。气节高于人的一切以至生命。古人也曾认识到："宁为玉碎，不为瓦全。"新时期的职业人切忌受到庸俗人生哲学的诱惑，要自觉地培养正直的品质和崇高的气节，做一个高风亮节的人，这样走上社会才会自觉地奉献社会。

### （三）掌握献身社会的本领

作为在校的职业人，要为社会做贡献，最主要的还是从我做起，勤奋学习，掌握各种各样的本领。只有这样，才能更好地奉献社会。

首先，掌握广博而精深的知识。争取在校期间学到更多的知识，以求将来更好地报效社会和祖国。在学习中要有科学的学习方法。在学习之前就要合理规划自己的时间和精力；在读书中要讲求艺术。读书要学会筛选，读书要精，思考须深；时间要运筹好，安排好每日的时间表，不要浪费时间；要科学用脑；学习时学会记笔记，保存好资料；学会及时总结，好与人交流。

其次，要形成创造性思维。创造性思维是价值最高的思维，是人生命力的最高表现，正是通过连续不断地创造性思维推动历史前进的。创造是社会进步和繁荣的本源，它有以下特征：进取性、求异性、发散性和严密性。要做到创造性思维，主观上应该有积极的创新精神；组织最佳的知识结构；良好的心理素质和科学的方法。

再次，坚持参加体育锻炼。要奉献社会，首先要有良好的身体，否则不仅不能达到奉献社会的目的，反而会成为社会的负担。革命导师恩格斯、列宁、毛泽东等都非常重视体育锻炼。毛泽东早在20世纪50年代就要求职业人做到“身体好、学习好、工作好。”体育锻炼的形式多种多样，比如，做广播操、长跑、跳绳、踢毽子、溜冰、游泳等。

最后，积极投身社会实践。比如利用假期时间做一些自己力所能及的工作，为孤寡老人、残疾人无偿服务；为交通安全、社会治安义务做一些工作；为山区学校义务演出节目；到偏远地区义务辅导职业人功课等。

（四）努力做到持之以恒

奉献社会，应从小事做起，并做到持之以恒。毛泽东说：“一个人做一件好事并不难，难的是一辈子做好事，不做坏事。”

要做到持之以恒的奉献社会，首先信心是极为重要的。持之以恒、坚持不懈也是一种态度，凡事要做到持之以恒之前，应当要培养信心、勇气和上进心，这些态度之间是相辅相成的。

其次，要在行动中锻炼自己的意志。意志不仅与自己的目的相联系，而且也和克服困难相联系。意志不仅是成才和成功的内在动力，也是人类意识能动性的集中表现。它对主观世界的形成和发展具有重要的作用。

最后，作为一种行为，坚持则是最可贵的境界，也是最重要的学问，因为世上的事难就难在持之以恒地付诸行动。三分钟热血谁都可以有，而一曝十寒却又是很多人的通病。世上最宝贵的精神是坚持，而世上最难做到的也是坚持。无论是一个企业，还是一个人，能将一个正确的选择坚持到底，那就是一种境界；能将一种好的习惯坚持下去，那就是一种品德。总而言之，就是用你自己的自制力，去时时要求你自己，这样才能做到持之以恒。

### 三、奉献社会的具体要求

坚持集体主义原则，正确处理个人利益、集体利益、国家利益的关系。

（1）立足本职工作岗位，持之以恒地进行创造和奉献。立足岗位，从我做起，尽职尽责地干好本职工作，不要夸夸其谈，不要好高骛远，要踏踏实实地为社会作出更大的贡献。

（2）拜金主义和个人主义的特点是一切以个人利益为出发点和归宿，把金钱看得高于一切，表现为自私自利、损人利己、金钱至上等。它危害国家和人民的利益，败坏社会风气，阻碍社会主义建设的顺利进行。

## 第七节　自我担当

### 一、自我担当的含义

责任是什么？责任是我们对待自我工作的一种态度，也是我们个人综合素质的体现。敢于担当，勇于负责的人，才能把事情做好，使事业进步。世上每个人，无论做什么工作，处在什么岗位上都有着自己的责任。只不过以其所处的社会层次不同，责任有大有小而已。

一个人，能够正确看待自己的责任，勇于担当责任，那么，他就会对工作产生强烈的责任心。在工作中，一旦有了责任心，他不仅会尽心尽责，具有用之不竭的工作动力，而会由此产生巨大的工作热情和无穷的创新能力。

由于世界观、价值观、人生观的不同，不同阶层的人会赋予责任以不同的内涵和解释。一个人要成为一个勇于担当责任的人，“修身，自警，守法”缺一不可。

## 二、自我担当的实现

### （一）修身

修身就是要不断地自觉克服思想上、作风上、工作上的“不适应”担当责任的负面东西，使自己经常保持旺盛的工作热情。同时要不断地加强学习，提高自己的业务水平和管理能力。

### （二）守法

国家的法律法规代表着人民的利益和意愿。对于新型职业农民来说，严格遵守农业法规，就是尽到了责任，担当起了责任。

### （三）敢于负责，乐于负责

作为新型职业农民，一定要敢于负责、乐于负责、善于负责。“敢于负责”就是要敢作敢为，敢于较真，对自己负责的本职工作不推诿，不退缩。“乐于负责”就是喜爱本职工作，只为工作尽职找方法，不为工作失职找借口。“善于负责”就是要有负得起责任的措施和方法，对工作既要举重若轻，又要小中见大，既要追求效率，又要保证质量。

# 第八节　家庭担当

社会中每个人都有多重身份，但不管处于什么年龄、什么职业的人，都必须曾经实践或正在实践着为人子女的责任。作为新型职业农民，我们肩负的家庭责任是无论如何也不能推卸的。

## 一、孝敬父母

孝敬父母应当体现在日常的行动中。帮父母做一些力所能及的事情，哪怕是一件微不足道的事情也可以体现我们的爱心。如果缺乏行动，再出众的才华、再强大的力量也无法报答父母对我们的养育之恩。

老一辈无产阶级革命家陈毅一生十分尊敬父母。投身革命后，虽然长年远离家乡，但他总是千方百计给家里捎信，让父母知道自己的近况，向父母请安问好，并向他们讲述革命的道理。中华人民共和国成立后，父母没同陈毅一起居住。陈毅除每月给父母寄足够的生活费外，仍在百忙中亲笔给父母写信，聊叙家事，宽慰老人。

1962 年，陈毅已 62 岁，时任国务院副总理、外交部长等要职。这年春天，他工作途经成都。当时，他母亲年过八旬，重病在身，住在成都弟弟家中。当天下午，他就与妻子张茜前去看望。由于老人病重，有时小便失禁。陈毅刚到母亲房中，恰遇母亲换下一条尿裤。母亲担心让儿子见到污浊之物，便不停挥手，使眼色，要身边一位侍候她的保姆把尿裤藏起来。保姆慌忙中将裤子扔到了床下。

陈毅拉住母亲的手问道："娘，您把啥子东西扔到床下了？"

母亲连连摇头说："没啥子，不关你的事。快坐下，给娘谈点别的吧！"保姆也连连摇头说："没，没啥呀！"

陈毅笑了笑，对母亲说："娘，您怎么对我也保起密来了？"

说着，弯下身去，要看个究竟。母亲见瞒不住儿子，只好将事情的缘由说了。

陈毅听罢，非常感慨地说："娘！您久病在身，我没能在您身边侍候，心里有说不出的难受。这裤子应该马上拿去洗了，还藏着干什么？"

说着，他一手拿过裤子，并对保姆说："我母亲的病如此严重，平时不知给你们添了多少麻烦！今天，就让我去洗吧！"保姆怎么也不让，母亲也赶紧拦阻。陈毅诚恳地说："娘，我不是说着玩的，您就允了吧！我小时候您不知给我洗过多少尿裤屎裤啊，儿子怎么做，也难报答养育之恩。"接着，他对妻子张茜笑道："我们家乡有句俗话，'婆媳亲，全家和'。你这个长年不能照顾婆婆的媳妇，也该尽点孝道。今天我们俩一起来洗这条裤子好不好？"

孝敬父母重在行动，在这一生中父母为我们付出的实在是太多了，然而我们又为父母做了多少呢？我们平时要多花点时间帮父母洗洗餐具，做点家务事，用实际行动报答父母的养育之恩。

## 二、夫妻和谐

夫妻关系决定家庭幸福，关键是怎样处理好夫妻关系。俗话说："百年修得同船渡，千年修得共枕眠。"夫妻生活在一处，低头不见抬头见，就像一张嘴里面的牙齿，难免有个磕碰。不是所有的夫妻都能够举案齐眉、相敬如宾的。

两个人建立一个家庭，男主外，女主内，各有分工，不再像谈情说爱时那么单纯，肩上扛着的是养家糊口的责任，爱情也开始有了柴米油盐酱醋茶这些气味。打个比方说，谈恋爱时，两个人像两张色彩美丽的锡箔纸，相看两不厌；结婚后，每个人都可以触摸对方，直到把这张锡箔纸消磨掉原先的光彩，变成脏兮兮的白纸，两个人的缺点都毫无顾忌地袒露出来，而家庭的幸福似乎化成一个肥皂泡。

有一对夫妻，老公正看着电视，嗑着瓜子，忽然间老婆从厨房喊着："老公，可不可以帮我修电灯？"

老公不耐烦地说："我又不是水电工！"

没多久老婆又喊："老公，可不可以帮我修冰箱？"

老公不耐烦地说："我又不是电器维修工！"

过了一会儿老婆又喊："老公，可不可以帮我修酒柜的门？"

老公觉得很烦，生气地说："我又不是木工！"然后就跑到外面喝酒解闷。

过了一小时，老公觉得心有愧疚，决定回家把那些东西修一修，但是回家后，发现东西全修好了，便问老婆："那些东西为什么都修好了？"

老婆说："你离家后，我就伤心地坐在门外，碰巧有一个年轻帅哥经过，他知道了这件事，关心地说：'我可以替你修，但你可以做蛋糕给我吃吗？'"

老公听了就说："那你做什么蛋糕给他吃？"

老婆回答："我又不是做蛋糕的师傅。"

这样的一对夫妻被生活的琐碎事情磨得没有宽以待人的耐心。要明白，老公不是一种身份，而是一种责任；老婆不是一种昵称，而是一种守护。夫妻要的是一辈子都能在一起，穷也好，富也罢，永远不分开。当你嫌弃身边的男人不够富裕、不够出息的时候，你有没有想过，他为了你一直都在努力？当你嫌弃身边女人不够漂亮、不够温柔的时候，你有没有想过，有多少男人想得到她？

## 三、引导孩子健康成长

有时候，孩子犯了错，有的父母的反应就是打骂责罚，用这种警戒惩罚的方式管教孩子，希望孩子改正错误。这种管教方式就好像鲧的治水方式，哪里有洪水，就在哪里建造堤坝。有的父母则能够用爱管教孩子，让孩子在错误中反省自己，这种方式就像大禹治水，宜疏不宜堵。两种方法比较，还是用爱的方式管教更加高明。

然而生活中并不是每个父母都懂得这个道理，他们用暴力对待自己的孩子。他们原本也是为了孩子的健康成长而不断地提出要求，但由于不懂得用爱的方式，不懂得给孩子提供爱的正能量，其结果往往南辕北辙，适得其反。

用爱管教孩子实在太重要了。父母是孩子的第一任老师，也是孩子最先认识世界的一个窗口。如果孩子生活在批评之中，就学会指责；如果孩子生活在暴力之中，就学会打架；如果孩子生活在嘲笑之中，就学会胆怯；如果孩子生活在鼓励之中，就学会自信；如果孩子生活在安全之中，就学会信任；如果孩子生活在认可和友好的环境中，就学会在世界上寻找爱，让他们心中充满正能量！

用爱管教确实是一种优秀的管教孩子的方式。很多名人的成功都得益于成长时期得到父母的爱的管教。

孩子在犯错误之后有个懂得用爱管教的爸爸，不单球王贝利有这样的幸运，美国最伟大的总统之一华盛顿也是如此。

一天，父亲送给小华盛顿一把小斧头。小华盛顿很高兴。他想：父亲的大斧头能砍倒大树，我的小斧头能不能砍倒小树呢？我要试一试。

他看到花园边上有棵樱桃树，微风吹得它一摆一摆的，好像在向他招手："来吧，小华盛顿，在我身上试试你的小斧头吧！"

小华盛顿高兴地跑过去，举起小斧头向樱桃树砍去，一下，两下……樱桃树倒在地上了。他又用小斧头将小树的枝条削去，把小树棍往两腿间一夹，一手举着小斧头，一手扶着小树棍，在花园里玩起了骑马打仗的游戏。

他的爸爸回家后，看见被砍断的小树，非常生气，因为这棵樱桃树是花了很多钱才买到的，是小华盛顿的爸爸最喜欢的一棵树。

小华盛顿看着爸爸很生气，心里虽然很害怕会被处罚，但是还是鼓起勇气跟爸爸说："爸爸，樱桃树是我砍的！我只是想试试您送我的斧头是不是很锋利。"

他的父亲看到小华盛顿有勇气承认自己的错误，不但没处罚他，反而大声地称赞他："好孩子，你的诚实让我很欣慰，因为即使是一万棵樱桃树也比不上一个诚实的孩子啊！"

小华盛顿的父亲是一个有智慧的父亲，他巧妙地把责罚转变为对诚实行为的赞扬。这对小华盛顿以后的成长影响深远。

孩子在成长的过程中，难免会有些行为不端、不省心的地方。其实每个行为不端的孩子都需要父母的关爱，如果只是一味地打罚责骂，忽视孩子行为背后的需要，忽略正能量的鼓励，就会阻碍事情的妥善处理。

爱的管理需要我们这样反问自己："我要做什么才能矫正孩子的行为？""为什么时常导致欠缺考虑的处罚？"如果能够问"孩子需要什么"，则将使我们有信心把事情处理得更加妥帖。

## 第九节 社会责任

### 一、社会责任的含义

社会学家戴维斯说，"放弃了自己对社会的责任，就意味着放弃了自身在这个社会中更好地生存的机会。"如今全社会都在提倡和谐，致力于构建和谐家庭、和谐社会。作为社会的一分子，我们理应将"和谐社会"这一崇高目标作为自己义不容辞的义务，这是一种社会责任的体现。

### 二、社会责任的表现

#### （一）以团结为本

凝聚产生力量，团结诞生希望。团结是生存和发展的重要因素，更是督促我们奋勇前行的源动力。在工作中，志同道合是团结的根基，在与人的交往中，尊重、信任、理解、帮助、关心是团结的基础。个人的力量再强大，对成就一项事业来说，也是微不足道。雷锋说过，“一滴水只有放进大海里才永远不会干涸，一个人只有当他把自己和集体事业融合在一起的时候才能最有力量。”因此，在工作中我们明确自己的位置，摆正自己的心态，把责任与团结作为攻坚克难的制胜法宝。搞好团结，应把握好3点：其一是有原则，就是按照原则办事和组织纪律团结，不能无原则的团结；其二是有标准，就是做事要光明正大，不搞阴谋诡计；其三是有技巧，退步、忍让、包容、妥协也是一种技巧。

（二）要与人为善

这里所说的善，并不是简单意义上的单纯、善良，而是一个人内心的宽容，思想上的博爱，于人于物的忍耐。《孟子·公孙丑上》曰“取诸人以为善，是与人为善者也。故君子莫大乎与人为善。”其本意是汲取别人的优点，与他人同做善事。后被引申为“以善意的态度对待和帮助他人”，即事事处处为他人着想，胸襟宽阔，豁达大度，不计小怨，从而达到与人和睦相处、团结共事的目的。或许有人会质疑，秉持“与人为善”之道做官、做生意、做学问、做工作，终究免不了要吃亏。然而，这种“吃亏”也许是指物质上的损失，但是一个人的幸福与否，却往往是取决于他的心境如何。如果我们用外在的东西，换来了心灵上的平和，那无疑是获得了人生的幸福，这便是值得的。

（三）要低调本分

低调既是一种姿态，也是一种风度、一种修养、一种品格、一种智慧、一种谋略、一种胸襟。通俗地讲，就是做事情、干工作不出格，按照规定的动作办事、按照规矩出牌。具体讲就是——谦虚谨慎，不说过头话。人该怎样做：那就是讲诚信、重事实、认准人、慎交友；事该怎样做：那就是低调本分，不炫耀，不做过头事。

（四）要换位思考

换位思考，就是设身处地为他人着想，即想人所想，理解至上。在日常的学习生活中，人与人之间发生矛盾、产生分歧是在所难免的，关键是要懂得如何正确对待与解决分歧、矛盾。古人云：“己所不欲，勿施于人”。在工作生活中，我们要学会“以责人之心责己，以谅己之心谅人”。因为每个人所受的教育程度不同、阅历不同、站的位置不同，对同一事情有不同看法，这很正常。无论在家庭、在单位，如果说话办事多站在对方的角度考虑问题，理解对方，我们就会减少许多不必要的家庭纠葛和社会矛盾，形成一个和睦的家庭、一个和谐的集体乃至一个和谐的社会。

（五）要增强自己的非职务影响力和人格魅力

非职务影响力就是非权力的影响力，是用人格、人品、能力、才华、觉悟、风格等力量，让大家心甘情愿地服从领导。一定程度上讲，这个影响力更大、更重要。职务的影响力是客观的，有了这个职务就有了这个影响力，而非职务影响力是靠自身素质、能力和觉悟的不断提高形成自己的人格和人品，一个优秀的领导，应该更加注重历练自身的非职务影响力。

# 第二章 职业道德规范及修养

## 第一节 加强职业道德修养

职业道德是一个职员所必须遵循的业界普遍认同的职业规范。职业道德在内容上包括职业观念、情操、纪律、良心和作风等方面，它不是单纯意义上的个人道德问题，而是涉及社会、企业及个人等各方面的利益。职业道德不仅仅是从事某个职业的要求，也是为人处世的基本原则，是个体人格的体现。无私的团队精神、认真而忠于职守、谦虚大度而不乏热情等素养不仅能让你在工作中如鱼得水、游刃有余，还会形成一种无穷的人格魅力让人赞赏不已。

职业道德范围广，不同行业的职业道德标准是不同的。但是，不论什么行业，职业道德具有普遍性的内容，因此，一个人的职业道德重点应从以下几个方面培养。

### 一、要讲诚信

“诚”“信”，都是古老的伦理道德规范。诚，就是真实不欺，尤其不自欺，它主要是个人内在的品质。信，就是真心实意地遵守诺言，特别是注意不欺人，它是处理人际关系的准则和行为。从二者关系来看，“诚”是“信”的心理品格基础，“信”是“诚”的必然行为结果。作为一种道德规范，诚信文化就是指真实无欺、遵守承诺的品格。

在现实社会中，诚信不但是市场经济活动中最基本的规则之一，而且还是我们立身处世的根本要求。一名员工最大的价值在于忠诚，忠诚的员工才会有责任感，才会脚踏实地地工作，才会有竞争力、创造力，组织才会有凝聚力。忠诚有时比才能更为重要。在一些公司，忠诚已经成了人才的第一竞争力。在员工招聘时，这些单位不仅看重文凭和工作经验，而且把忠诚排在第一位，因为公司非常清楚，一个缺乏忠诚的人，不可能为公司所用。忠诚于公司，是其发挥才能、为公司做出业绩的前提条件。

## 二、要有敬业精神和责任心

中华民族历来有“敬业乐群”“忠于职守”的传统，敬业是中国人民的传统美德。宋朝朱熹认为，“敬业”就是“专心致志以事其业”，即用一种恭敬严肃的态度对待工作，认真负责，一心一意，任劳任怨，精益求精。敬业精神是个体以明确的目标选择、朴素的价值观、忘我投入的志趣、认真负责的态度，从事自己的主导活动时表现出的个人品质。敬业精神是做好本职工作的重要前提和可靠保障。

一个人从事一份职业，既要有敬业精神，还要有责任心。只有敬业才能爱业，才能做好本职工作，敬业的品质可以使一个人从平凡走向优秀，从优秀走向卓越。敬业的人，会在自己的工作岗位上勤勤恳恳，不断钻研学习，一丝不苟，精益求精。对于一名员工来说，从事一项职业，不仅意味着有了一份“饭碗”，或者说基本生活保障，同时也意味着承担一份责任，甚至义务。不管各行各业多么不同，也不管同一行业的岗位多么不同，都必须敬业，承担自己的责任。一个没有敬业精神的人，即使有能力也不会得到人们的尊重和接受；而一个能力相对较弱但具有敬业精神的人却能够找到自己发挥的舞台，并步步实现自身的价值，最后更有可能发展成为广受尊重的人。

敬业是做人最起码的行为准则和道德规范。一个人由于种种社会、历史、机遇等原因，可能对目前的工作不太满意，但这绝不是你可以不敬业的原因。换句话说，一名员工可能不“爱岗”，绝不可以不“敬业”。既然你已经选择了现在的职业，就是对社会、对人生、对未来作出了承诺。一个对自己人生和未来的承诺都不愿认真兑现的人，这个人对其他承诺的兑现，也一定令人担忧。即使想“跳槽”，重新选择新的工作岗位，但是只要你还在目前的岗位上工作一天，就应认真完成好一天的工作。在这个社会中，我们必须坚守责任，坚守责任就是坚守我们自己最根本的人生义务。责任是对人生义务的勇敢担当，也是对生活的积极接受，更是对自己所负使命的忠诚和信守。一个充满责任感、勇于承担责任的人，会因为这份承担而让生命更有分量。

### 三、正确处理好个人与集体的利益关系

一个公司的兴衰靠的是所有员工的努力，而公司的兴衰与员工的利益休戚相关，员工为公司付出时间和精力，公司一定会带给员工更好的生活保障。只有公司发展了，才能带动员工发展，因此明智的员工都有这样的意识，公司先赢，个人后赢，这也就实现了双赢，如果这个顺序颠倒了，那么也就没有了“赢”字。同样，公司只顾自己赢，不考虑员工赢，那么公司的赢也会变成输，二者是辩证的。在功利主义的价值观大行其道的今天，你也许会经常听到同事说过这样的话：“我从不把工作时间和私人时间混在一起，私人生活与工作之间存在楚汉河界。”有人认为，员工与公司之间是一种纯粹的契约关系，公司给多少报酬，员工就干多少事。有了这种想法，就很难把公司的利益与个人利益联系起来。作为一名员工，应树立正确的世界观、人生观，把个人理想融入到公司的共同理想当中，把个人奋斗融入为公司建设奋斗当中，坚定对企业发展的信念、信心。把爱企业、爱本职工作紧密结合起来，在工作实践中不断地锻炼和提高，并尽心尽力为企业发展贡献自己的才智，既要对得起自己的那份收入、对自己负责，同时也要对公司负责、对事负责。

## 四、要有团队精神

团队精神指团队成员为了团队利益和目标，尽心尽力的意愿和作风，是将个体的利益与整体的利益相统一，从而实现组织高效率运作的理想工作状态。优秀的员工，能很快融入团队，服从团队的最终利益，不用督促、不怕困难，为团队的胜利发挥自己的力量。

这样的团队才是战无不胜的团队，这样的员工才是优秀的员工。谦让宽容就是一种受人称道的美德，谦让宽容是一种心胸、一种气度。古往今来，只有谦让宽容之人，才能平等地看待别人，正确地看待自己，正确处理好与同事之间的关系，才能使一个团队更有凝聚力和战斗力。

中国俗语有“一个和尚挑水吃，两个和尚抬水吃，三个和尚没水吃”，又有“三个臭皮匠，顶个诸葛亮”，说的是缺乏和拥有团队精神的不同后果。

故事一：专家给一群小职业人出的一道智力测试题。在一个罐头瓶里，放进6个乒乓球，每个球用细绳系着，要求在最短的时间里，从瓶里全部取出。几个小组的同学，每人都想在第一时间从瓶里取出，结果在瓶口形成堵塞，谁也取不出来！只有一个小组成功做到了，他们采用的办法是6个人形成一种配合，依次从瓶口出来。这道测试题考的就是团队要有相互协作精神，就是我们常说的团队精神。

故事二：第一次登陆月球的太空人其实共有两位，除了大家所熟识的阿姆斯特朗外，还有一位是奥尔德林。当时阿姆斯特朗说的一句话“我个人的一小步，是全人类的一大步”早已是全世界家喻户晓的名言。在庆祝登陆月球成功的记者会上，一个记者突然问了奥尔德林一个特别的问题：“阿姆斯特朗先下去，成为登陆月球的第一个人，你会不会觉得有点遗憾？”在全场的注视下，奥尔德林很有风度地回答：“各位，千万别忘了，回到地球时，我可是最先出太空舱的。”他环顾四周笑着说：“所以我是由别的星球来到地球的第一个人。”大家在笑声中都给予他最热烈的掌声。其实，成功不必在个人，团队的成功就是个人的成功。

## 五、从小事做起

世界上想做大事的人很多，但愿意把小事做细、做好的人很少，对多数企业来说，缺少的就是精益求精的员工。

做好小事，首先是在工作中必须改变心浮气躁、眼高手低的毛病，提倡注重细节，用心做事。我们平时也许都能完成工作，但许多地方往往就差那么一点，久而久之，就形成了先进与落后的差距，公司之间、个人之间的竞争其实就是细节竞争，看谁能把小事情做完善。其次平时也有很多工作之外的小事情，如打扫卫生、勤俭节约、节约用水、节约办公用品、爱护公物等。优秀的员工眼里无小事，万事必做于细，细节决定成败，以小事为突破口，改变思维定式，养成良好的行为习惯，你的工作绩效就可能得到质的飞跃。

良好职业道德，是一名优秀员工必须具备的基本条件，只有具备了这个条件，个人就会与公司一起乘风破浪，荣辱与共。在公司发展壮大的同时，个人也会得到许多意想不到的财富，付出的越多收获的也就越多。

海尔公司总裁张瑞敏有一句名言：“把每一件简单的事做好就是不简单，把每一件平凡的事做好就是不平凡。”他就是凭着这种做好每一件小事的执着，从细化管理入手，把一个濒临倒闭的小厂发展成为著名的家电企业。

达芬奇从小学画画，老师只让他画鸡蛋，他很不耐烦。老师告诉他“世界上没有两只一样的鸡蛋”。他听从了老师的教诲，认真观察学习，反复画小小的鸡蛋。就是靠着从小事做起的认真习惯，终成一代大师。

## 第二节　培养良好的职业习惯

良好的职业习惯是事业成功的基础。好的习惯叫成功方法，坏的习惯叫“职业病”。从事不同的工作，时间长了都会具备一些特有的习惯。

妻子是公共汽车售票员，一次和丈夫一起回家，妻子一进家门就把门关上。丈夫一边敲门一边喊：“开门，开门，我还没进去，真是的！”他的妻子说：“吵啥吵？坐下一趟吧！”

丈夫是检察官，半夜的时候夫妇二人都被蚊子咬醒了，就开灯找蚊子。发现蚊帐里有两只蚊子，一只喝饱了肚子，一只肚子空空，妻子让当检察官的丈夫打蚊子，丈夫出手不凡，一掌拍死了那只喝饱了血的胖蚊子，而对另一只却迟迟不下手，妻子问他为何不打，丈夫说：“证据不足。”

其实最好的习惯就是具备养成好习惯的习惯。良好的职业习惯是自己一开始从事这份工作的时候就要开始留意自己的言行举止及工作态度。不论在什么样的情况下，只要是工作时间都应该遵守上班的制度，自己在工作的时候要养成良好的习惯，做事要有自己的原则，不要受到他人的影响。对待工作要认真负责，自己负责的事情一定要按时做好。就算不能准时完成也要向有关领导汇报一下工作的进度，这样就不会让领导催自己，使自己的工作处于被动。培养良好的职业习惯可从以下几方面进行。

### 一、自律与慎独

过去的读书人或修行人经常将“慎独”两个字贴在墙壁上，或放在床头案边，以警示自己。“慎独”是我国古代儒家创造出来的具有我国民族特色的自我修身方法。最先见于《礼记·中庸》：“道也者，不可须臾离也，可离非道也。是故君子戒慎乎其所不睹，恐惧乎其所不闻。莫见乎隐，莫显乎微。故君子慎其独也。”这里强调的“道”“不可须臾离”之意，是“慎独”得以成立的理论根据。可见，“慎独”指的是人们在独自活动无人监督的情况下，凭着高度自觉，按照一定的道德规范行动，而不做任何有违道德信念、做人原则之事。这是进行个人道德修养的重要方法，也是评定一个人道德水准的关键性环节。

慎独的核心是“独”，这里的“独”是指心中的思想的“独”，为什么将心中的思想称为“独”呢？

第一个原因：因为思想独立于外境之故，所以将思想称为“独”。思想独立于外境，可以在两个层次上来理解：

首先，思想是可以独立于外境的。对于什么样的外境，用什么样的思想对待，这完全取决于个人的习惯。例如，面对吃亏的事情，有人很欢喜，认为自己可以通过吃亏积累福报；而有些人，则会很恼火，原因很简单，就是因为觉得自己吃亏了。对于别人的批评，有人很高兴，认为别人是帮助自己改正错误；而有些人则会反唇相讥，与批评自己的人斗争，因为他觉得别人是在损害自己。总之，人的思想与外境是可以独立的。

其次，思想在本质上就是独立于外境的。当我们面对外境生起思想时，外境不会因为我们的思想而有半点动摇。例如，我们喜欢一朵鲜花，鲜花不会因为我们的喜欢而高兴；也不会因为我们的不喜欢而不高兴。外境就是外境，其实永远独立于当下的思想而存在。古人说：“万境自闲，心自闹之。”思想在心中生起时，就会形成一种心理感受，我们常常自作多情地将这种主观的心理感受强加给外境，认为外境也具有这种属性。其实，思想与外境就像两条平行线一样，永远没有交会点——思想就是思想，外境就是外境，面对外境所起的思想，永远不会成为外境；外境也永远不会成为对它所起的思想。

第二个原因：思想在一个人心中生起之后，就唯一定义了这个人当下的生命体验，这种定义是“独一无二的，只有这个人自己才能体验这种定义，其他任何人无法与此人分享这个思想所定义的这种生命体验。”例如，仇恨的思想在一个人心中生起，就会让此人体验仇恨的滋味，这种滋味也只有生起仇恨者才能体验，其他人无法同时分享。慈爱的思想在心中生起，就会让此人体验慈爱的滋味，这种滋味也只有当事人能体验，其他人无法同时分享。总之，心中的任何一个念头生起时，所制造的生命体验，只有生起者能体验，其他人无法体验。

总之，因为我们心中生起的思想，“独立于外境之故，独自体验之故”，将其称为“独”。

慎独是一种人生境界。慎独是一种修养，一种高尚的精神境界，也是一种自我的挑战与监督。柳下惠坐怀不乱，曾参守节辞赐，萧何慎独成大事，东汉杨震的“四知”箴言“天知、地知、你知、我知”慎独拒礼，三国时诸葛亮的“勿以恶小而为之，勿以善小而不为”，范仲淹食粥心安，宋人袁采“处世当无愧于心”，李幼廉不为美色金钱所动，元代许衡不食无主之梨，“梨虽无主，我心有主”，清代林则徐的“海纳百川，有容乃大，壁立千仞，无欲则刚”，叶存仁的“不畏人知畏己知”，曾国藩的“日课四条”，即慎独、主敬、求仁、习劳，其所谓慎独则心泰，主敬则身强。以上种种，无一不是慎独自律、道德完善的体现。

刘少奇对慎独做了更通俗的解释：一个人独立工作、无人监督时，有做各种坏事的可能，而不做坏事。能否做到“慎独”，以及坚持“慎独”所能达到的程度，是衡量人们是否坚持自我修身以及在修身中取得成绩大小的重要标尺。“慎独”作为自我修身方法，不仅在古代的道德实践中发挥过重要作用，而且对今天的社会主义道德建设仍具有重要的现实价值。

为什么要“慎独”呢？理由很简单，因为思想或念头生起之后，唯一定义了你自己的生命体验，这种体验完全是个体的，他人是不能分享的。所以，每一个真正爱惜自己生命的人，应当尽量让美好的思想在自己的心中生起，不要让糟糕的思想在心中生起。生命的成功与失败，不取决于外境的优劣，而唯一决定于自心的体验。为了让生命的体验更加美好与精彩，所以要“慎独”。

古往今来，慎独境界者不乏其人。诗人陆游，一生都专诚、专注于爱国的情操，恪守抵抗侵略、重振王朝的信念，写出了大量具有爱国主义豪情的诗篇。早年“战死士所有，耻复守妻孥”的壮歌，中年“报国计安出，灭胡心未休”，晚年“一闻战鼓意气生，犹解为国平燕赵”。这就是一位爱国者的慎独心志。此心志，一生恪守，至死方休，可歌可泣！“吾日三省吾身”，即是慎独的功夫。三省其身，即面对自己，澄清自己的内部生命，纯粹是为己之学。鲁迅曾说，“我的确时时解剖别人，然而更多的和更无情的是解剖我自己。”

我国东汉时有一位被誉为“关西夫子”的清官杨震。他任荆州刺史时，发现一个叫王密的人才华出众，便向朝廷举荐。朝廷接受了杨震的举荐，委任王密为昌邑（今山东金乡县）令。王密对杨震十分感激。他私下拜会杨震，执意送上10两黄金以表谢意，并低声说：“黑夜里，无人知道，您就放心地收下吧！”杨震脸色阴沉，斥责道：“你送黄金给我，有天知、地知、你知、我知，怎么能说无人知道呢？自古以来，君子慎独，哪能以为无人知道，就做出违背道德的事情呢？”一席话，说得王密羞愧难当，他急忙起身谢罪，收起金子走了。

“慎独”在职业道德修养中也非常重要。也就是说，个人在独处时，有做坏事的条件，并且做后也不会被人们发现，要依然坚守自己的职业道德信念，坚持做好事不做坏事。在职业活动中，能不能慎独，这是个考验。“慎独”是职业道德修养中一种特殊的必不可少的方法。从社会发展来说，分工越来越细，专业化程度也越来越高，许多行业和部门的职业活动相对的独立性就越大，有些职业任务和职业活动甚至完全需要个人独立操作完成。在这种情况下，尤其需要在“慎独”上下功夫。

## 二、内省与反思

内省就是“内心反省”的意思，在获取了各种外界对自身的评价之后，积极地调动自身的认知力去客观地反观认识自己本真的内心世界。它是指在内心省察自己的思想、言行有无过失。儒家自孔子始便很注重这种内心的道德修养。孔子要求人们“内省”“自讼”。孟子的“内省”修养名为“存心”，也叫“求放心”。宋明理学家继承了孔孟的“内省”的修养方法。程颐的修养方法为“诚敬”“致和”“集义”；王守仁则为“致良知”。儒家要求人们用这套道德要求的各种思想行为。从总体上来说，这是唯心主义的修养方法，它的根本缺陷在于和实践脱节，与人民生活脱节。但其中也有某些合理因素，如强调修养的重要性，修养中发挥人的主观能动作用，以及讲究修养方法等。

自古以来，大量的成功者都是善于内省之人，而许多才俊辈出的民族也都有内省之风，由此可以看出内省的重要性。古今中外的成功者当中，善于内省的典范有很多。

曾子正是因为自己“吾日三省吾身”的精神，成为战国时期的一位贤士，在青史之中与孔子、老子、孟子、孙子等人齐名。

大文豪托尔斯泰 15 岁就考入大学文科班，但因年少轻狂，连续两年考试不及格而被强制退学。他并未因此消沉，而是认真地思索并进行了内省，将自己所有的缺点全部整理到日记本上，随时对照检查，一犯老毛病便立即改正，经过不懈努力，他终成一代文豪，使文学之树结出了更多的硕果。由此可见，内省对于个人成长与发展的重要性，善于内省的人有更多成功的机会，也将会在成长的路上少走弯路。

不仅个人应当学会内省，一个集体，一个国家乃至一个民族都应学会内省。

TCL 集团是国内通讯业的巨头之一，而 TCL 集团还是举行反思研讨会来反思自己的发展历程，研究分析过去的教训以避免日后再犯，这就是TCL公司得以在激烈的商战中做大做强，在市场上谋得“贵宾席位”的重要原因。

在国家和民族的内省方面，德国和日本形成了极为鲜明的对比，以至于一直以来都有德国是日本的“镜子”的说法。德国前总理勃兰特1970年来到华沙，双膝跪倒在犹太人死难者纪念碑前，而日本首相却是拜倒在甲级战犯的牌位前，这是多么巨大的反差！勃兰特跪出的是友谊和谅解，日本首相们却跪来了千古骂名，以至于连日本国内的报纸都认为“屡次参拜靖国神社使日本外交陷入了前所未有的困境之中”。

“没有检视的人生是不值得活的”，这是苏格拉底的名言。内省可以为人们扫除人生航道上的暗礁，更可以为人们指引成长的方向，它在人们的生活中具有重要的不可替代的作用。

## 三、向榜样学习

所谓道德榜样，就是具有崇高的道德理想和道德境界、高尚的道德人格和道德品质、巨大的道德魅力和强烈道德吸引力的先进人物。例如，以人民解放和富裕、社会进步和世界和平为己任，鞠躬尽瘁、死而后已，具有崇高政治道德的政治领袖和人民公仆；德艺双馨、德高望重、具有高尚道德的知识和文化精英；在平凡岗位上做出非凡业绩，舍小我为大我，位卑未敢忘忧国，具有巨大道德人格魅力的劳动者和管理者；在弘扬社会公德和涵养个人品德上彪炳史册的道德力行者等都是“高山仰止、景行行止”的道德榜样。榜样的力量是无穷的。我们每个人在成长过程中，都从先进人物身上学到过好思想、好作风，吸收过营养和力量。

## 四、实践强化

社会实践是职业道德行为养成的根本途径。离开社会实践，从业人员既无法深刻理解职业道德的内涵，也无法将职业道德品质和专业技能转化为造福人民、奉献社会的实际行动。

首先，在实践中培养职业情感。职业情感作为内心体验，是在实践中培养起来的。从业者通过实践达到认识职业、走进职业、训练职业技能和培养职业感情的目的。

其次，要知行统一。“知”，主要指人的道德意识和思想意念。“行”，主要指人的道德践履和实际行动。因此，知行关系，也就是指的道德意识和道德践履的关系，也包括一些思想意念和实际行动的关系。知行统一包括以下两层意思：一是知中有行，行中有知。知行是一回事，不能分为“两截”。在道德教育上的知行不能脱节，因为道德意识离不开道德行为，道德行为也离不开道德意识。二者互为表里，不可分离。知必然要表现为行，不行不能算真知。道德认识和道德意识必然表现为道德行为，如果不去行动，不能算是真知。二是以知为行，知决定行。“知是行之始，行是知之成”。

道德是人行为的指导思想，按照道德的要求去行动是达到“良知”的工夫，在道德指导下产生的意念活动是行为的开始。毛泽东在《实践论》中把马克思主义哲学关于认识和实践统一的理论总结为实践、认识、再实践、再认识。这种形式，循环往复以至无穷，而实践和认识之每一循环的内容，都比较地进到了高一级的程度。

战国时期，赵括从小就学习兵法，谈论兵事，认为天下没有比得上他的。曾经和他的父亲赵奢谈论兵事，赵奢都难不倒他，但是并不称赞他。赵括的母亲问赵奢其中的原因，赵奢曰：“打仗，是生死攸关的事情，而赵括太轻率地讨论它了。如果赵王不让他当将军就罢了，如果一定要让他当将军，他一定会使赵军遭受失败。”赵括代替了廉颇以后，全部变更了军法，轻率地任用军官。秦国的将军白起听说以后，指挥奇兵，假装打败撤退，而断绝赵军的粮道，把赵军一分为二，赵军士气不能统一。被困40多天，赵军非常饥饿，赵括亲自指挥精兵突围，秦军用箭射死了赵括。赵括的军队大败，数十万赵军投降了秦国，秦国全部将他们活埋了。这就是著名的“纸上谈兵”的故事。

总之，良好的职业道德，是一名优秀员工必须具备的基本条件，努力提高自身职业能力，个人与团队一起乘风破浪，同甘苦共患难，荣辱与共，在团队发展壮大的同时，个人也将得到良好发展。

# 第三章　行业职业道德及要求

## 第一节　商业工作者的职业道德

商业道德是随着商业的出现而逐步形成的。旧时代商业道德提出的具体规范是讲究货物质地、遵守度量衡标准、保持信用、诚实无欺、勤俭节约、不尚奢侈等。旧时代商业道德，特别是资本主义商业道德突出反映利己主义的阶级本质，造成的商德二重性极为典型，他们表面上讲什么“质量第一”“货真价实”“童叟无欺”等，实际上奉行的是欺骗顾客、弄虚作假、尔虞我诈。社会主义商业道德是历史上进步的商业道德的继续。它以生产资料公有制为基础，同资本主义和其他落后的商业道德有本质区别，是共产主义道德在商业这个特殊领域的表现。社会主义商业经营的目的是为社会主义建设服务，为人民生活服务。因此，商业工作者的职业道德是：①热爱商业工作，确立职业的责任感与荣誉感，摒弃轻视商业和服务性工作的陈旧观念。②严守商业信用，诚信无欺，公平交易，实事求是介绍商品，严格执行国家价格政策。③优质服务，文明经商，对顾客一视同仁，出售商品货真价实，不以次充好，不缺斤短两，态度和蔼，待客热情，服务周到，方便群众。④爱护商品，讲究卫生，不出售变质的食品、药品。⑤严格执行有关规定，不私买私卖，不以营业权谋私利，接受群众监督，欢迎群众批评。坚决同商业领域的不正之风做斗争。

## 第二节　工人的职业道德

工人职业道德是在长期工业生产实践中形成的。工人阶级是最先进的生产力的代表，最有远见，大公无私，最有组织性、纪律性和革命彻底性。工人阶级的先进性，决定了工人职业道德的先进性。在社会主义条件下，工人不仅是工业生产资料的主人，而且是国家的主人。因此，工人职业道德，具有主人翁的责任感，具有时代的特征。其基本内容是：树立共产主义远大理想，树立共产主义的世界观和人生观；热爱祖国、热爱社会主义、热爱共产党、热爱集体事业、热爱本职工作；努力学习科学文化知识，不断提高技术和业务水平。积极做好本职工作；充分发挥主动性、积极性和创造性，热爱劳动、各尽所能、发扬共产主义劳动态度；遵守劳动纪律。维护生产秩序，服从生产指挥，爱护生产设备，坚持文明生产；关心集体，关心同志，尊师爱徒，团结互爱；积极参加企业民主管理，讲求工作实效，提高产品质量，降低生产成本；顾全大局，勇挑重担，个人利益服从集体利益和国家利益，暂时利益服从长远利益，局部利益服从整体利益。工人职业道德，实质上就是工人阶级道德，即共产主义道德。工人职业道德比一般共产主义道德更具体，有较大的适用性，更易于实践。工人职业道德的水平如何，对社会主义现代化建设，对整个社会风气影响很大。

## 第三节　农业劳动者的职业道德

在社会分工出现以后，农业是一种最广泛的生产劳动，农业劳动是最基本的劳动职业。在长期的生产劳动中，农业劳动者道德有着悠久的发展历史和丰富的道德遗产。主要表现为吃苦耐劳、老实忠厚、朴实善良、勇敢正直、勤俭节约、敬老爱幼、扶贫济困，憎恨剥削、厌恶淫逸、要求平等、渴望自由、反抗侵略等。这些所形成的独特的道德观念和行为准则，集中地体现了整个中华民族的道德精神。在社会主义阶段，农业劳动者成了国家的主人，成了社会主义建设的重要力量。农业劳动者不但继承了传统的道德规范和品质，而且根据共产主义道德要求不断提高道德水准。社会主义农业劳动者职业道德的要求是：热爱祖国、热爱社会主义、热爱共产党、坚持走社会主义道路；热爱农业，以农为荣，努力增产，按时完成国家计划，满足人民的生活需要；学习文化科学知识，掌握现代的农业科学技术，做到科学种田，保护土地、山林水利等农业资源，发展现代农业；热爱集体，兼顾国家、集体和个人的利益，团结互助，共同富裕；勤俭节约，艰苦奋斗，移风易俗，美化家乡，建设社会主义新农村。农业劳动者的职业道德，是社会主义道德规范的重要组成部分，必须重视社会主义农业劳动者的职业道德教育。

## 第四节　建筑行业的职业道德

建筑系统工作人员在生产、施工实践中所应遵循的基本行为规范，是建筑工人、工程设计人员及其指挥人员的行为准则。建筑行业是社会主义现代化建设中的一个十分重要的行业。工厂、住宅、学校、商店、医院、体育场馆、文化娱乐设施等的建设，都离不开建筑行为。它以满足人民群众日益增长的物质文化生活需要为出发点。建筑行业道德是社会主义职业道德之一，是社会主义道德、共产主义道德规范在建筑行业的具体体现。其道德要求的主要内容是：①热爱社会主义祖国、热爱人民，树立全心全意为人民服务的思想。一切建筑工程的设计、施工，都必须从广大人民群众的根本利益出发，既要立足于发展生产、美化环境，改善人民生活，又不能脱离国情。②严格按照精心设计的图纸和设计要求科学组织施工，确保工程质量。“百年大计，质量第一”，一切都要对人民负责，对用户负责。施工中在原材料使用和设备安装上，不以次充好，不偷工减料。③热爱劳动，不怕吃苦，注意节约，不浪费原材料，以主人翁的态度做好自己负责的工作。④严格遵守劳动纪律，维护生产秩序，做到文明施工，安全施工，保持施工场地的整洁。⑤廉洁奉公，遵纪守法，忠诚老实，讲究信誉。在工作中不以权谋私，不行贿受贿索贿。正确处理个人利益、集体利益与国家利益的关系。⑥工程技术人员和工人，以及工人之间要团结友爱，互相学习，取长补短。⑦努力学习科学文化知识，刻苦钻研生产和施工技术，不断提高业务能力，讲究工作效率。

## 第五节　交通运输行业的职业道德

交通运输是社会主义建设的大动脉，在国民经济的发展中具有举足轻重的作用。交通运输行业的职业道德是社会主义职业道德之一，是社会主义道德、共产主义道德在交通运输系统的具体表现。其基本内容是：①热爱社会主义祖国，热爱人民，立志为繁荣祖国的交通运输事业，促进经济发展和人民生活水平提高做贡献。②对国家财产和人民生命负责，切实保证交通运输的安全可靠。经常检修交通运输工具，使之时刻处于良好状态，决不带故障运行。无论是客运还是货运，都要有极端负责的精神。货物要做到文明装卸，不毁坏国家财产。当国家财产和人民生命受到威胁时，要挺身而出，见义勇为，不怕流血牺牲。③热情为乘客服务，急乘客所急，帮乘客所需；热爱劳动，不怕吃苦，为乘客提供干净、舒适的旅行环境。④廉洁奉公，遵纪守法，不利用手中之权谋私，不索贿受贿，不索要用户托运的东西。在运输工具、车辆的调度上，要根据计划，根据实际需要进行安排，杜绝走后门，坚决纠正交通运输业存在的不正之风。⑤认真学习科学文化和专业知识，对技术精益求精，不断提高为人民服务的思想觉悟和为人民服务的本领。⑥培养集体主义精神，搞好分工协作，相互间团结友爱，互相帮助。⑦欢迎广大群众监督，虚心接受群众的批评，不断提高为人民服务的质量。

## 第六节　饮食行业的职业道德

饮食行业是非常重要的服务性行业。它与人民群众的生活、健康紧密相连。良好的饮食行业的职业道德，体现了社会主义社会人与人之间的新型关系，体现了社会主义精神文明。饮食行业的职业道德是社会主义职业道德之一，是社会主义道德、共产主义道德在饮食行业的具体体现。其基本要求是：①热爱社会主义祖国，热爱人民群众，树立全心全意为人民服务的思想，立志做好本职工作，甘当人民的勤务员。②生产和制作符合质量标准和卫生标准的饮食。坚持按规定标准和制作程序下料加工，不偷工减料、降低标准，不加工和出售腐烂变质和过期的食物。一切要对人民群众的健康负责。③对顾客热情和蔼，说话和气，服务周到，千方百计为顾客着想。对顾客一视同仁，不以貌取人。不分年龄大小，不论职位高低，都以同等态度热情接待和服务。④刻苦学习业务技术，练好基本功，提高服务质量。⑤注意节约、反对浪费。⑥廉洁奉公，不利用职业之便谋取私利，坚决抵制拉关系、走后门等不正之风。⑦谦虚谨慎，自觉接受顾客监督，欢迎群众批评，不断改正缺点，提高服务质量。⑧仪容整洁，举止文雅，相互帮助，搞好协作。

【拓展阅读】

### 善良是生命的黄金

人世间最宝贵的是什么？雨果认为是善良。“善良是历史中稀有的珍珠，善良的人几乎优于伟大的人。”

中国传统文化历来追求一个“善”字。为人处世，强调心存善意、向善之美；与人交往，讲究与人为善、乐善好施；对己要求，主张独善其身、善心常驻。记得一位名人说过，对众人而言，唯一的权力是法律；对个人而言，唯一的权力是善良。

我曾读到国外的两则小故事，心灵为之震撼。

一则是说一场暴风雨过后，成千上万条鱼被卷到一个海滩上，一个小男孩每捡到一条便送到大海里，他不厌其烦地捡着。一位恰好路过的老人对他说：“你一天也捡不了几条。”小男孩一边捡着一边说道：“起码我捡到的鱼，它们得到了新的生命。”一时间，老人为之语塞。

还有一则故事是发生在巴西丛林里，一位猎人在射杀一只豹子时，竟看到这只豹子拖着流出肠子的身躯，爬了半个小时，来到两只幼豹面前，喂了最后一口奶后倒了下去。看到这一幕，这位猎人流着眼泪折断了猎枪。

如果说前一个故事讲的是善良的圣洁，那后一个故事中猎人的良心发现也不失为一种“善莫大焉”。

美国作家马克·吐温称善良为一种世界通用的语言，它可以使盲人“看到”、聋人“听到”。心存善良之人，他们的心滚烫，情火热，可以驱赶寒冷。善意产生善行，同善良的人接触，往往智慧得到开启，情操变得高尚，灵魂变得纯洁，胸怀更加宽阔。与善良之人相处，不必设防，心底坦然。

播种善良，才能收获希望。一个人可以没有让旁人惊羡的姿容，也可以忍受“缺金少银”的日子，但离开了善良，却足以让人生搁浅和褪色——因为善良是生命的黄金。多一些善良、多一些谦让、多一些宽容、多一些理解，让人们在生活中感受到美好和幸福，这是善良的人们向往和追求的，也是我们勤劳善良的中华民族所提倡和弘扬的。

## 半杯水

一位信佛的老人告诉我，人好比一只空杯，里面的水满了，你得施一半给人家，待杯子里又满了，再施一半给人家。只有不断进、不断出，你这个杯子才会有价值，你这里的水才会是活水。如果只进不出，你那只杯子也就再也装不进了。

当你得到一杯水的时候，你别忘记，其中的一半是奉献。假如你不愿奉献，你就再也得不到了。

## 仗义

故事发生在一个偏远大山里的煤矿上。一群“煤黑子”日出而作、日落而息，多少年来，就这么默默无闻地、平平淡淡地生活着、劳动着，若不是他们中的一员因煤矿事故不幸遇难，他们恐怕永远也不会被摄像机的镜头对准。

那位死难工友的妻子人很贤淑，也很漂亮，带着一个孩子，由于煤矿不景气，生活本就不易。丈夫死后，如天塌一般，没有工作、没有依靠的她，为了生计，在矿井出口处摆了个馄饨摊。奇怪的是，矿井出口处摆了不少馄饨摊，可每天下夜班的矿工们却都爱到她这儿来吃碗馄饨。久而久之，那些矿工的妻子或女朋友们不干了，她们怀疑自己的丈夫或男朋友是不是看上了这个小寡妇，闹出了不少家庭纠纷，以致夫妻失和、大打出手。情急之下，丈夫们才脱口道出了其中的秘密：工友死后，面对生活更加拮据的孤儿寡母，大伙儿合计了一下，决定从此以后，大伙儿每天下夜班后到她的馄饨摊上吃碗馄饨。于是，妻子们释然了，不仅理解了丈夫们，而且当丈夫出差或不上工时，她们也主动到摊上来吃一碗馄饨。然而，过分的关照和人们无意间流露的同情的话语，终于让她明白了一切。丈夫死后就从没有再哭过的她，压抑不住自己的情绪以至于号啕失声……当夜，她包了最后一锅馄饨。当第二天早上，人们像往常一样来到她的馄饨摊吃馄饨时，这里已人去“摊”空，只有旁边摊上一位大嫂用她昨晚包好的馄饨招待大家，说这是她临走时的嘱托。

人间自有真情在，真情自在不言中。但我要说，真心的同情若不化为仗义的实行，这种真情再真也分文不值。我们今天的社会，并不缺少有同情心的人们，缺少的只是付诸行动的人们。君不信，就扪心自问一下：当你读到、听到、看到孤苦无告的人们的遭遇之后，除了为之怜悯、流泪之外，又为他（她）们做了点什么呢？一个社会，当很多人对于别人的不幸乃至自己身边的人的不幸都只肯付出同情心却不肯付诸行动时，这个社会是多么的悲哀！仗之以义、援之以手，正是我们民族历来所最推崇的美德之一。

## 最后一课

一位哲学家带着他的弟子漫游世界，10年后回来，个个都满腹经纶。

在进城之前，哲学家在郊外一片长满杂草的地上坐了下来，对他的弟子说：“学业就要结束了，现在我们上最后一课吧，我想知道的是，如何除掉这些杂草？”弟子们非常惊愕，他们都没有想到，一直在探讨人生奥妙的哲学家，最后一课问的竟是这么简单的一个问题。

一个弟子说：“老师，只要有铲子就够了。”另一个弟子说：“用火烧也是一种很好的办法。”第三个弟子回答更干脆：“斩草除根，只要把根挖出来就行了。”

等弟子们都讲完了，哲学家站了起来，说：“课就上到这里了，你们回去后按照各自的方法去除一片杂草，一年后再来相聚。”

一年后，弟子们都来了，不过原来相聚的地方已不再是杂草丛生，它变成了一片长满谷子的庄稼地。弟子们傍着谷地坐下来，等待哲学家的到来，可是哲学家始终没有来。

几十年后，哲学家去世。弟子们在整理他的言论笔记时，在最后补了一章：要想除掉旷野里的杂草，最好的办法就是在上面种上庄稼。同样，要想让灵魂无纷扰，最好的办法就是用美德去占领它。

# 第四章　践行职业道德　做合格职业人

职业道德的养成，关键在于内在的修养及日常职业行为，只有真正践行职业道德，才能成为合格的职业人。

## 第一节　学习职业道德楷模

### 一、职业道德榜样的作用

充分发挥榜样的示范、引导和感召作用，是进行职业道德教育的重要方式，也是提高职业道德修养的有效方法。每个人都有自己尊崇的职业道德榜样，每个行业和企业也都有自己树立的道德楷模。道德榜样以其崇高的道德理想和道德境界、高尚的道德人格和道德品质、巨大的道德魅力，感染人、激励人、召唤人。

### 二、学习道德榜样的要求

学习职业道德榜样，首先要善于发现榜样，正确选择榜样。一个好的榜样，是你学习的典范，有助于提高你自身的道德修养，提升道德境界。从每个道德榜样的身上，我们能够积聚精神力量，把对榜样的爱戴和敬佩之情转化为强大的精神动力，克服重重困难，在职业道德困境中做出正确的抉择，从而在自己的本职工作中做出贡献。

学习职业道德榜样，还要与岗位工作相结合，把学习榜样的愿望转化为实实在在的工作业绩。学习职业道德榜样不能仅仅停留在精神层面，更应将榜样的力量化为实实在在的动力，将榜样作为工作中的标杆，始终以标杆来衡量自己、要求自己，才能在工作中不断取得进步。

## 第二节　在职业实践中践行职业道德

### 一、参与职业实践，培养职业感情

就业是参与职业实践的第一步。迈出职业人生的关键一步后，要体验职业人生，培养职业感情。劳动者的职业感情是在专业学习，特别是在职业活动中形成的。对于职业技能的学习通常是在课堂和实验室进行的，因此对职业了解很少。参加实践活动对接触社会较少的预备劳动力有很大的实际意义。通过参加实践活动，能达到认识职业、走进职业、训练职业和培养职业感情的目的。相关部门及社团组织的“便民服务”“青年志愿者”等活动，应积极参加。作为预备劳动力的其他人员，也应积极在社会实践活动中，培养职业感情，仅仅把职业看作谋生手段不利于自身的情绪管理，容易产生消极怠工现象，兴趣和爱好都是在点点滴滴的实践中积累而成。要培养自身的职业幸福感，做一名阳光、快乐的职业人。

### 二、学做结合，知行统一

学做结合，知行统一，是中国传统道德理论的重要思想。“知”就是所学，是在职业活动中经过总结经验教训而获得的正确认识。“行”就是实践，是人们改造客观世界的一切活动。职业人要在实践中切实践行职业道德，做到知行统一，也就是要把所学和所做结合起来，从不会到会，从不熟练到熟练，把学到的职业道德知识和职业道德规范运用到实践中去，以正确的职业道德观念指导自己的实践。干一行，爱一行。

## 三、坚定信念，做合格职业人

劳动和奉献是快乐的，也是艰辛的。它不仅需要劳动者的耐力、毅力，更需要劳动者坚定的信仰和职业信念。今天的企业所提供的岗位都不是单一的职能，而是需要每一个劳动者融入企业大家庭中去，与企业拥有共同的信念，专注岗位、尽职尽责、爱岗敬业、做专做实，弘扬企业文化。在劳动中成就一个强有力的集体。

同时，随着企业的不断发展，社会分工会越来越细，每一个劳动者要有信心成为自己所从事工作的专家里手，既要专于岗位发展，又要了解周边的工作情况，发挥团结协作的精神，与同事和谐相处，与企业共同成长进步。

由于人性的弱点，人很容易高估自己，滋生浮躁。就业了，工作上做出一点成绩，沾沾自喜，其实这只是职业成长的一小步。通过学习和培训，准备就业的所有人都应摒弃“小富即安”“小步渐止”的错误思想。要加快学习科学知识，优化自身的知识结构，树立危机感、紧迫感、责任感。要不断加强自我修炼，提升职业化技能，适应新的企业运作模式，保持耐心，坚定信念，坚定目标，就一定能成为职场上的合格职业人。

参加劳动预备制培训是职业人生的第一课，也是迈向职业人生的第一步。未来的职业道路还很长，我们要树立终身学习的观念，知无涯，学无境。在学习过程中获得职业知识、职业道德理念，在职业实践中践行职业道德，为职业人生的成长与发展铺就坚实的基础。

# 下篇　法律常识

## 第五章　法：国家强制性社会规范

### 第一节　法律与纪律

【经典案例】

李某，30岁，农村家庭妇女，因无法忍受丈夫平日里经常的打骂，有时甚至是毒打，遂到路边小摊贩手里购买剧毒老鼠药一包，趁丈夫出去干活时，把老鼠药放到丈夫吃的饭里，其丈夫被毒死。当公安机关调查清楚后，人民法院要判她徒刑时，她居然说还要回去带孩子和种菜。

本案例中李某的行为不合法，她的行为给我们的启示是：法律意识对于一个国家的法制建设具有特别重要的意义，对于一个公民也同样具有特别重要的作用。培养公民的社会主义法律意识，养成广大公民对社会主义法的认知和认同，是社会主义法得到遵守的重要保障，是建设社会主义法治国家的思想基础。只有当广大公民知法、懂法，并对社会主义法产生认同感，逐步形成守法意识，我国社会主义法才能得到自觉遵守，和谐社会的构建就有了前提、基础和保障。

## 一、法的概念和本质

在现代汉语中使用的“法”字，其古体写作“灋”。《说文解字》中解释“灋”字，“灋，刑也。平之如水，从水；廌，所以触不直者；去之，从去。”据传说，古代有一种神奇的独角兽，叫“灋”，“能治狱”，能“别曲直”，其“性知有罪，有罪触，无罪则不触”。古体“灋”字和关于独角兽的传说，表达了人们崇拜“神兽”裁判公正平直和认为法的标准应当其“平”如水的思想。因此，“法”在汉字中的词义是平直和公正的标准，这与现代法学中讲的“法”的含义是一致的。法学中讲的法，是指国家判断人们的行为是否合法的规范性标准。讲“法”必讲“律”，律即法律。广义的法律是指法的表现形式，是国家制定和认可的判断公正与否，衡量人们合法或不合法的标准；狭义的法律是指国家立法机关制定或认可的包括一般的法律和法令、条例、命令、决定等规范性文件。

法是上层建筑意识形态中十分重要的内容。在政治和经济两方面占统治地位的阶级，在上层建筑的意识形态中也必然占统治地位。法强烈地表现统治阶级的意志，是统治阶级维护其根本利益的主要工具之一。

法的定义可以这样表述：法是由国家制定或认可的、由国家强制力保证实施的、由物质生活条件决定的、掌握国家政权的统治阶级的意志，是规定人们在社会关系中的地位、权利和义务，确认、维护和发展有利于统治阶级的社会关系和社会秩序的规范系统。

从法的定义可见，法有以下特征。

### （一）法是特殊的社会规范

社会规范是调整人们在社会生活中相互关系的行为准则，如道德、宗教、政策、社会习惯、法律等。法是一种特殊的社会规范，对有权制定法律规范的国家机关发布的文件，要区分是规范性文件还是非规范性文件。规范性法律文件属于法的范围，它适用的对象不是特定的人，而是一般的人，它不是一次适用，而是在其生效期间内反复适用。非规范性文件不属于法的范围，它是适用一定法律规范的产物，如判决书等，它们对特定的人适用，且只适用一次。

（二）法是由国家制定或认可的社会规范

社会规范只有经过国家的制定或认可，才有可能成为国家的法律。制定法律或认可法律是国家创制法律的两种方式。制定法律是指有权制定法律的国家机关依照法定程序制定具有不同效力的法律文件。国家制定的法律具有一定的文字表现形式，即为成文法。认可法律是指统治阶级根据需要，对社会上早已经存在的、符合本阶级利益的风俗习惯、社会道德、宗教伦理等行为规则，由国家机关加以确认，赋予它们一定的法律效力。国家认可的法律通常被称为习惯法。

（三）法是规定人们权利义务的社会规范

法律通过规定人们的权利义务，以权利义务为机制来调整社会关系。法律这种调整机制使它区别于道德等其他社会规范。

（四）法是以国家强制力保证实施的社会规范

法律是由国家强制力保证实施的，以暴力手段作为后盾，这种强制性表现为通过国家机关的法律适用活动，对违法行为予以制裁或强制人们履行法定义务。必须指出，法以国家强制力保证实施，并不意味着法律的每个实施过程、每个法律规范的实施，都要依靠国家系统化的暴力，也不等于国家强制力是保证法律实施的唯一力量。在法的实施过程中，国家暴力一般是备而不用的。

## 二、法律与纪律的关系

### （一）法律具有更大的稳定性

法律是由专门机关制定的，并且具有很宽广的适用范围，所以法律一般都具有很强的稳定性，不可以朝令夕改。而纪律是小范围内适用的规定，随着适用机关情况的变化，有经常修改的必要，所以稳定性要比法律弱一点。

### （二）法律具有更大的普遍适用性

法律是由国家制定的，一国之内所有公民都必须遵守法律的规定，毫无例外。而纪律是由党政机关、团体、部队、企业、学校等制订的，只要求所属人员遵守，制订机关以外的区域和人员不会受纪律的约束。

### （三）法律的程序性要求更加严格

法律从立法到执法、司法，都存在严格的程序规定，违反程序规定会被认定为程序违法。纪律也有程序要求，但同法律程序相比，纪律程序规定得相对粗糙一点，纪律更注重实体的内容。

## 三、法律与纪律的作用

### （一）法律的作用

第一，法律具有明示作用。法律的明示作用主要是以法律条文的形式明确告知人们，什么是可以做的，什么是不可以做的，哪些行为是合法的，哪些行为是非法的，违法者将要受到怎样的制裁等。这一作用主要是通过立法和普法工作来实现的。法律所具有的明示作用是知法和守法的基本前提。

第二，法律的预防作用。法律的明示作用可以使人们知晓法律而明辨是非，起到预防作用。这样人们在日常活动中，根据法律的规定来自觉地调节和控制自己的思想和行为，从而达到有效避免违法和犯罪现象发生的目的。严格及时有效的执法也可以警示人们，违法必受罚。只有这样才能做到有令必行，有禁必止。收到欲方则方、欲圆则圆的良好的规范效果。

第三，法律的校正作用。也称之为法律的规范作用，主要是通过法律的强制执行力来校正社会行为中出现的一些偏离了法律轨道的不法行为，使之回归到正常的法律轨道。对违法犯罪分子进行强制性的法律改造，使其违法行为得到校正。

第四，法律的社会性效益。法律具有扭转社会风气、净化人们心灵、优化社会环境的社会性效益。理顺、改善和稳定人们之间的社会关系，提高整个社会运行的效率和文明程度，建成一个健康有序的法治社会。这也是法治的最终日的和最根本性的作用。

（二）纪律的作用

纪律是执行任务的保证，遵守纪律是完成一项工作任务的前提条件。在这一条件下，才能保证工作任务的圆满完成。

第一，纪律可以维护社会秩序。纪律和法律一样具有约束力和强制力，违反纪律的人会受到惩罚，虽然这种惩罚力度不及法律，但是它依然具有很强的震慑力。比如党的纪律，我们党有三大纪律、八项注意，每个党员都要严守党纪，否则会受到纪律检查委员会的调查，甚至会受到党内的纪律处分。这些惩罚性的结果迫使大家不得不遵守纪律，从而维护了社会的安定秩序。

第二，纪律可以加强人民团结。纪律是各个社会团体、机关制订的，大家制订纪律的目的是为了有一个良好的社会秩序，从而使大家可以团结一心办大事。历史表明，任何一个组织，如果没有严整的纪律，那么最终会走向瓦解。比如我国历史上的封建王朝，它们走向灭亡时都表现出了王朝内部组织涣散、各牟私利的特征，最终不堪一击。

## 四、养成遵纪守法的好习惯

要从思想上高度认识遵纪守法的重要性，进一步增强“以遵纪守法为荣，以违法乱纪为耻”的观念。人人守法纪，凡事依法纪，则社会安定，经济发展。倘若没有纪律和法律的规范，各项秩序就无从保证，人们生存、发展的环境就会遭到破坏，人民群众就不可能安居乐业。

遵纪守法是具体的，必须落实到日常生活和工作学习中，从细处着眼，防微杜渐；遵纪守法又是长期的，要持之以恒，贯穿始终；遵纪守法还是自觉的，要转化为自身的实际行动。

守纪的人，应该是一个懂得自爱、勇于自省、善于自控的人。守纪离不开平时一点一滴、一步一个脚印的长期学习和锻炼。公民的家庭生活、学校生活和社会生活都离不开法律。不知法、不学法，很容易在无意中误入歧途。我们要掌握与生活密切相关的法律，让法律为我们保驾护航，如《中华人民共和国宪法》《中华人民共和国职业教育法》《中华人民共和国劳动法》《中华人民共和国民法典》《中华人民共和国未成年人保护法》《中华人民共和国消费者权益保护法》《中华人民共和国刑法》《中华人民共和国治安管理处罚法》等。依法治国，就是广大人民群众在党的领导下，按照宪法和法律的规定，通过各种途径和形式管理国家事务，管理经济文化事业，管理社会事务，保证国家各项工作都依法进行，逐步实现社会主义民主的制度化、法律化，使这种制度和法律不因领导人的改变而改变，不因领导人看法和注意力的改变而改变。

## 第二节　维护社会主义法制尊严

### 一、依法治国的基本要求

依法治国，是党领导人民治理国家的基本方略，是发展社会主义市场经济的客观需要，是社会文明进步的重要标志，是国家长治久安的重要保障。具体来说，依法治国主要包括以下含义。

第一，依法治国的主体是广大人民群众。人民群众是历史的创造者，我国的一切权力属于人民，人民群众理所当然是治理国家的主体。

第二，依法治国的对象是国家事务、经济文化事业、社会事务，是对国家权力行使的监督和约束。

第三，依法治国的依据是宪法和法律。治理国家必须严格按照体现人民意志、集中群众智慧和反映客观规律的宪法和法律来进行。

第四，依法治国的目标，是保证国家各项工作都依法进行，逐步实现社会主义民主的制度化、法律化，使这种制度和法律不因领导人的改变而改变，不因领导人的看法和注意力的改变而改变。实现国家政治生活、经济生活、文化生活和社会生活的法治化，杜绝人治现象。

第五，依法治国的方式，是人民群众在党的领导下，依法通过各种途径和方式治理国家，确保国家权力正确有效地行使和运用，防止国家权力的异化和滥用，保证真正做到“立党为公，执政为民”。

依法治国的基本要求和社会主义法制建设的基本要求是一致的。依法治国的基本要求可以用四句话来概括：“有法可依，有法必依，执法必严，违法必究。”

（1）有法可依。它是指立法问题，要求制定出符合最大多数人民意志的、促进社会向前发展的法，使人们在社会生活的各方面都有法可依。这是建立和健全社会主义法制的前提和首要任务。

（2）有法必依。有法不依等于无法，所以有法必依是建立健全社会主义法制的关键。有法必依首先要求一切执法机关及其工作人员必须依法办事。其次，有法必依要求全体公民（自然人）、法人和其他组织体都要遵守法律，使自己的行为符合法律规定。再次，有法必依还要求坚持法制统一。一个国家的法制是一个系统，宪法处于最高位，一切法律法规不得与宪法相抵触，否则即归于无效。同时下位法不得与上位法相抵触也是一法制原则，不得违背。

（3）执法必严。执法必严要求执法机关和执法人员在实施法律的过程中，必须严格地按照法律规定的内容和程序办事。执法必严，就是要求检察机关和审判机关依法独立行使检察权和审判权，禁止任何人、任何机关团体的干预；要求执法人员在办案中严格地遵循“以事实为依据，以法律为准绳”的原则，做到不枉不纵；还要求贯彻“有错必纠”的方针，执法机关和执法人员在办案中，一旦发现错误，应及时纠正，并承担责任。

（4）违法必究。违法必究就是对一切违法者都要依法追究法律责任并予以法律制裁。违法必究是社会主义法制强制力的体现，是维护社会主义法制权威的保障。做到违法必究，首先要求坚持“法律面前人人平等”的原则。在法治国家，任何个人、任何组织和机构都没有法外特权，任何违法行为都不能逃避法律制裁。其次要求执法机关和执法人员必须秉公执法，不畏权势。只有这样，才能体现法律的普遍约束力，维护社会主义法制的权威。

由此可见，只有认真全面地做到有法可依、有法必依、执法必严、违法必究，才能保证社会主义法制的统一性、连续性和平等性，才能充分发挥社会主义法制在社会主义现代化建设中的作用。

## 二、崇尚社会主义法治理念

### （一）树立社会主义法治观念

树立社会主义法治观念，关系依法治国基本方略的实施，关系社会主义法治国家建设的历史进程。要树立社会主义民主法治观念、自由平等观念、公平正义观念等基本观念，养成自觉遵纪守法、严格依法办事的习惯。

社会主义民主法治是人类历史上最高类型的民主法治。我国社会主义民主法治不仅包含丰富的内容，而且具有鲜明的社会主义性质。应当以马克思主义为指导，正确理解社会主义民主法治的性质和特征，树立起符合时代精神的社会主义民主法治观念。

1. 社会主义民主法治是社会主义的重要特征

发展社会主义民主、健全社会主义法制、建设社会主义法治国家，是中国特色社会主义建设事业的重要组成部分。从文明的分类来看，社会主义民主法治属于社会主义政治文明范畴，是社会主义政治文明的基本内容和基本标志。只有在社会主义社会，才能实行真正的民主法治，才能建立人类历史上最高类型的民主法治。

2. 党的领导是社会主义民主法治建设的根本保证

中国共产党是社会主义民主法治建设的领导力量，是维护和发展人民民主、实行并坚持依法治国的坚强保证。削弱党的领导，脱离党的领导，放弃党的领导，社会主义民主法治就不可能建设好。

3. 社会主义民主法治相互依存、相互促进

作为社会主义政治文明的两个组成部分，社会主义民主与社会主义法治之间存在着密切关系。一方面，社会主义民主是社会主义法治的前提和基础，决定着社会主义法治的性质和内容。只有人民掌握国家政权，才能将保障和实现人民的民主权利作为制定社会主义法律的出发点与归宿，才能使社会主义法治得到广大人民群众的支持和拥护。另一方面，社会主义法治是社会主义民主的体现和保障，是社会主义民主的重要实现途径。社会主义民主只有制度化、法律化，才能持续、稳定、有序地推进，人民当家做主才有切实的法律和制度保障。

（二）自由平等观念

保障公民的自由平等是我国宪法和法律的基本价值取向。只

有树立正确的法律自由平等观念，深入理解法律上的自由和平等，才能合法而有效地行使各项自由和平等权利。法律上的自由平等观念最为核心的内容是依法享有和行使自由的观念、法律面前人人平等的观念。

1. 依法享有和行使自由的观念

为了保障他人同等的自由，法律一般都要给当事人的自由确定合理的界限，对当事人的自由施加合理的约束。这些合理的界限和约束是保障所有人自由的必要条件，而不是任意地限制或取消人们的自由。一切进步的法律约束人们的行为的目的，不是为了废除或压制人们的自由，而是为了保护和扩大人们的自由。

2. 法律面前人人平等观念

社会主义制度为实现法律面前人人平等的理想奠定了现实的经济、政治和文化基础，法律面前人人平等观念不仅被社会主义法制所承认，而且得到充分体现，成为社会主义法制的基本原则。

公民在守法上一律平等。法律面前人人平等，要求所有公民都必须平等地遵守法律，依照法律规定平等地享有和行使法律权利，平等地承担和履行法律义务。在社会主义国家，不承认有任何享受特权的公民，也不承认有任何免除法律义务的公民。

公民在适用法律上一律平等。法律面前人人平等，要求国家行政机关、司法机关在适用法律时，对于任何公民，不论其民族、种族、性别、职业、宗教信仰、教育程度、财产状况、社会地位、居住期限等有何差别，都要给予平等对待，从而保证每个公民的合法权益都平等地受到法律保护，任何公民的违法犯罪行为都平等地受到法律追究和制裁。

（三）公平正义观念

尽管不同时代和不同社会的人们对公平正义的理解不同，但追求公平正义一直被认为是法律的主要价值目标。在过去的阶级社会，由于法律是统治阶级意志的体现，法律最终只能维护和实现占统治地位的剥削阶级的公平正义观，而不可能实现真正的社会公平正义。只有在社会主义国家，由于法律是最广大人民意志的体现，法律才有可能真正体现最广大人民的根本利益，实现全社会的公平正义。应在正确理解法律公正（公平正义）的内涵和要求的基础上，树立起正确的法律公正观念。

1. 坚持立法公正与执法公正并重

从法律运行的环节来看，法律公正包括立法公正和执法公正两个方面。立法公正是执法公正的前提。如果立法是不公正的，执法就很难做到公正。立法公正主要表现为：立法机关按照民主的程序制定法律，充分听取和吸收人民群众的意见；法律充分反映人民的利益和意志，充分体现社会的公正原则和标准。执法公正是法律公正得以实现的重要形式。这里所说的执法是指广义上的执法。执法公正包括多方面的要求：一是坚持合法合理原则，保证一切执法必须符合法律的规定，符合社会的公理；二是坚持及时高效的原则，保证所有案件能得到及时公正的处理；三是坚持程序公正的原则，要以人们看得见的方式实现公正，使裁判或决定的过程变为人们感受民主、客观、公平的过程。在全面实施依法治国方略的形势下，我们既要重视立法公正，更要重视执法公正，保证从立法到执法全面实现社会的公平正义。

2. 坚持实体公正与程序公正并重

从法律公正的内涵来看，法律公正包括实体公正和程序公正两个方面。在法律中，实体公正是指法律上的权利、义务、责任之设定、分配的结果是否正当合理。程序公正是指法律上的权利、义务、责任之设定、分配的过程或程序是否正当合理。我们在参与或从事法律活动时，既要重视实体公正，也要重视程序公正。程序公正与实体公正是密切联系、相互制约的，程序不公正往往会导致实体不公正。以诉讼为例，不公正的审判程序容易导致不公正的审判结果。因此，我们特别要增强程序公正观念，重视程序方面的制度建设。

## 三、树立和维护社会主义法律权威

社会主义法律在国家和社会生活中具有权威和尊严，这是建设社会主义法治国家的前提条件。每个公民都有义务和责任树立和维护社会主义法律的权威。

### （一）维护法律权威的意义

法律权威是就国家和社会管理过程中法律的地位和作用而言的，是指法的不可违抗性。法律权威的树立主要依靠法律的外在强制力和内在说服力。法律的外在强制力是法律权威的外在条件，主要表现为国家对违法行为的制裁。尽管法律权威不可能完全建立在外在强制力的基础之上，但必要的外在强制力，是树立法律权威不可缺少的条件。法律的内在说服力是法律权威的内在基础。如果仅仅依赖外在强制力，法律不可能形成真正的权威。法律的内在说服力既来源于法律本身的内在合理性，如法律合乎情理、维护正义、促进效率、通俗易懂，也来源于法律实施过程的合理性，如执法公平、司法公正。正是由于法律本身及法律实施具有这些内在合理性，法律才受人尊重、被人信赖、为人遵守。

在当代中国，树立法律权威对于建设社会主义法治国家、实现国家的长治久安具有非常重要的意义。法律权威是国家稳定的坚实基础。当国家的最高权威是领导者个人时，政治的稳定、国家的兴衰就将寄托于领导者个人身上。随着领导者的更迭，国家的政局就有可能大起大落，政策与法律也会频繁变动。而当国家的最高权威是法律时，由于法律是一种超越于任何个人之上的普遍性规则，并且具有稳定性和连续性，尽管领导者会变动和更迭，但政治统治与社会秩序仍将会保持相当的稳定性和连续性。

## (二) 自觉维护社会主义法律权威

社会主义法律权威的树立，既有赖于国家的努力，也有赖于公民个人的努力。从国家角度来说，应当采取各种有效措施消除损害社会主义法律权威的因素。例如，要进一步提高立法质量，保证法律的科学性、合理性；改善法律实施的状况，保证有法必依、执法必严、违法必究；深入开展法制宣传教育，增强全社会的法律意识。从个人角度来说，应当通过各种方式努力维护社会主义法律权威。对于每个公民来说，至少应做到以下三个方面。

第一，努力树立法律信仰。一个人只有从内心深处真正认同、信任和信仰法律，才会自觉维护法律的权威。应当通过认真学习法律知识，深入理解法律在现代社会中的重要作用，深刻把握我国社会主义法律的精神，从而树立起对我国社会主义法律的信仰。

第二，积极宣传法律知识。在自己学习和掌握法律知识的同时，还要向其他人宣传法律知识。特别是要宣传社会主义法治观念，帮助人们彻底根除“权大于法”“要人治不要法治”等封建残余思想，宣传我国社会主义法律的优越性，使人们了解、熟悉和认同我国社会主义法律，从而推动全社会形成尊重和维护社会主义法律权威的良好风尚。

第三，敢于同违法犯罪行为作斗争。违法犯罪行为既是对社会秩序的破坏，也是对法律权威的蔑视。每个公民不仅要有守法意识，自觉遵守国家法律，而且要敢于和善于同违法犯罪行为作斗争，自觉维护法律权威。同违法犯罪行为作斗争的方式是多种多样的，既包括事前采取有效措施预防违法犯罪行为的发生，也包括事中和事后制止、检举、揭发违法犯罪行为。

# 第六章　宪法：治国安邦的总章程

## 第一节　维护宪法权威

### 一、宪法的产生与发展

近代意义上的宪法于 19 世纪由日本传入我国。1908 年，清政府颁布了《钦定宪法大纲》，由此，近代意义上的宪法在我国初步确立下来。1912 年，以孙中山先生为首的资产阶级革命派制定的《中华民国临时约法》是一部具有资产阶级革命性、民主性的宪法。

1949 年的《中国人民政治协商会议共同纲领》，在新中国成立初期起着临时宪法的作用。在此之后，我国分别于 1954 年、1975 年、1978 年和 1982 年制定了四部宪法。

1982 年宪法即现行宪法，除序言外，分为总纲、公民的基本权利和义务、国家机构以及国旗、国歌、国徽、首都，共四章、138 条。该宪法总结了我国三十多年来社会主义建设的经验，集中了全国人民的智慧，是一部适应新时期社会主义现代化建设需要的、具有中国特色的宪法。由于法律固有的滞后性，我国对 1982 年宪法迄今为止已经颁布了五次宪法修正案，分别是 1988 年、1993 年、1999 年、2004 年和 2018 年，共计通过 31 条。1982 年宪法是对 1954 年宪法的继承和发展，是一部较为完善并具有中国特色的宪法，它的颁布与实施将我国的民主宪政建设推向了一个新的高度。

《中华人民共和国宪法》（简称《宪法》）是我国的根本大法，它集中体现了工人阶级领导的广大人民群众的共同意志和根本利益，它规定了我国的基本政治经济制度和根本任务，规定了我国公民的基本权利和基本义务以及国家尊重和保障人权的原则。它是我国治国的根本法律依据，是治国安邦的总章程。

第五次宪法修正案是在2018年3月11日第十三届全国人民代表大会第一次会议通过。《宪法》序言第7自然段中“在马克思列宁主义、毛泽东思想、邓小平理论和‘三个代表’重要思想指引下”修改为“在马克思列宁主义、毛泽东思想、邓小平理论、‘三个代表’重要思想、科学发展观、习近平新时代中国特色社会主义思想指引下”；“健全社会主义法制”修改为“健全社会主义法治”；在“自力更生，艰苦奋斗”前增写“贯彻新发展理念”；“推动物质文明、政治文明和精神文明协调发展，把我国建设成为富强、民主、文明的社会主义国家”修改为“推动物质文明、政治文明、精神文明、社会文明、生态文明协调发展，把我国建设成为富强民主文明和谐美丽的社会主义现代化强国，实现中华民族伟大复兴”。《宪法》序言第10自然段中“在长期的革命和建设过程中”修改为“在长期的革命、建设、改革过程中”；“包括全体社会主义劳动者、社会主义事业的建设者、拥护社会主义的爱国者和拥护祖国统一的爱国者的广泛的爱国统一战线”修改为“包括全体社会主义劳动者、社会主义事业的建设者、拥护社会主义的爱国者、拥护祖国统一和致力于中华民族伟大复兴的爱国者的广泛的爱国统一战线”。《宪法》序言第11自然段中“平等、团结、互助的社会主义民族关系已经确立，并将继续加强。”修改为“平等团结互助和谐的社会主义民族关系已经确立，并将继续加强。”《宪法》序言第12自然段中“中国革命和建设的成就是同世界人民的支持分不开的”修改为“中国革命、建设、改革的成就是同世界人民的支持分不开的”；“中国坚持独立自主的对外政策，坚持互相尊重主权和领土完整、互不侵犯、互不干涉内政、平等互利、和平共处的五项原则”后增加“坚持和平发展道路，坚持互利共赢开放战略”；“发展同各国的外交关系和经济、文化的交流”修改为“发展同各国的外交关系和经济、文化交流，推动构建人类命运共同体”。《宪法》第一条第二款：“社会主义制度是中华人民共和国的根本制度。”后增写一句，内容为：“中国共产党领导是中国特色社会主义最本质的特征。”《宪法》第 79 条第 3 款：“中华人民共和国主席、副主席每届任期同全国人民代表大会每届任期相同，连续任职不得超过两届。”修改为：“中华人民共和国主席、副主席每届任期同全国人民代表大会每届任期相同。”《宪法》第三章“国家机构”中增加 1 节，作为第 7 节“监察委员会”；增加 5 条，分别作为第一百二十三条至第一百二十七条。

## 二、宪法是国家的根本大法

维护现代国家社会秩序稳定的法律有很多，如刑法、刑事诉讼法、民法、民事诉讼法、行政法等，但宪法在整个国家的法律体系中居于最高的地位，是国家的根本法。马克思曾指出：“宪法——法律的法律。”

宪法是国家的根本大法，主要体现在两个方面：一方面，宪法本身属部门法，具有普通法律共同的属性，是建立在经济基础之上的上层建筑的重要组成部分，充分代表和体现了统治阶级的意志和利益，是统治阶级实现统治的重要工具。另一方面，宪法与其他的普通法律有着本质的区别，主要表现如下。

### （一）宪法规定国家的根本制度和根本任务

我国宪法序言明确规定：“本宪法以法律的形式确认了中国各族人民奋斗的成果，规定了国家的根本制度和根本任务。”可见，宪法规定的是有关国家制度和社会制度的基本原则和主要问题，为国家生活和社会生活的总体运行提供规范和约束，它主要与国家机关、政党、各种政治力量和公民的社会生活和政治活动直接联系，是对社会生活的宏观的政治调控。如经济制度、国家结构、公民的基本权利和义务、国家机构、国家标志等根本性的问题，是国家生活和社会生活各方面的原则性问题。而普通法律一般只规定国家生活或社会生活某一方面或者某一领域内的事项和问题，为人们的具体行为提供尺度和指导，而且规定得比较具体。例如，刑法规定犯罪和刑罚的问题，行政法调整行政机关与行政管理相对人之间的权利义务关系，婚姻法具体规定婚姻和家庭关系的问题等。

（二）宪法具有最高的法律效力

法律效力，即法律所具有的约束力和强制力。法律都有它的效力，但宪法具有最广泛的约束力和最有效的强制力。宪法在一个国家的法律体系中居于最高的地位。我国宪法序言明确规定："本宪法以法律的形式确认了中国各族人民奋斗的成果，规定了国家的根本制度和根本任务，是国家的根本大法，具有最高的法律效力。"

（1）宪法是普通法律的立法基础和制定依据，我国现行制定颁布的近470部法律，其立法基础和制定依据都是宪法。如《中华人民共和国刑法》（简称《刑法》）、《中华人民共和国刑事诉讼法》（简称《刑事诉讼法》）都明确规定"以宪法为根据"制定；《中华人民共和国行政许可法》（简称《行政许可法》）、《中华人民共和国国家安全法》（简称《国家安全法》）和《中华人民共和国国家赔偿法》（简称《国家赔偿法》）中均有"根据宪法，制定本法"的规定。因此，如果普通法律的制定没有宪法作为相关依据，那么该法律是不能成立的。如果宪法的某些条款通过修正案的方式修改和完善，那么该法律中相应的内容也应随之修改。

（2）普通法律不得与宪法相抵触。普通法律的立法宗旨和立法精神必须符合宪法的原则和精神，如果与宪法相抵触，则普通法律无效。这是现代各国立法的通例。如法国的宪法规定："被宣布为违反宪法的条款不得公布，也不得执行。”我国宪法不仅明确规定“一切法律、行政法规和地方性法规都不得同宪法相抵触”，而且赋予全国人大常委会撤销同宪法相抵触的由国务院制定的行政法规和由省、自治区、直辖市人大及人大常委会制定的地方性法规的职权。因此，宪法的效力高于所有的普通法律。

（3）宪法是一切个人和组织在国家生活和社会生活中的根本的活动准则。宪法不同于普通法律，也不同于政党或团体的章程，它对国家生活和社会生活的各个方面最重要的问题都作出了原则性规定，是判断人们的行为是否合法的最高法律标准，因而要求全社会最广泛地遵守。我国宪法规定：“全国各族人民、一切国家机关和武装力量、各政党和各社会团体、各企业事业组织，都必须以宪法为根本的活动准则。”《中国共产党章程》规定：“党必须在宪法和法律的范围内活动。”

可见，宪法具有最广泛的约束力和最有效的强制力，具有最高的法律效力。

### （三）宪法制定和修改的程序比普通法律更严格

法律的制定和修改都必须经过严格的法定程序，但是由于宪法规定一个国家最重要、最根本的问题，具有最高的法律效力，因而在制定和修改程序上更为严格，主要表现在：一是制定、修改宪法一般须成立制宪会议、宪法起草委员会或宪法修改委员会等专门机构，而制定、修改普通法律不要求有这种机构；二是制定宪法或对宪法进行大的修改一般都须进行全民讨论，广泛听取和征求各方的意见和建议，而制定、修改普通法律不需要这种程序；三是宪法需要立法机关以全体成员的2/3或3/4以上的多数通过，有的国家还须由公民投票来通过，而普通法律只需要立法机关以全体成员过半数的多数通过即可。我国1954年宪法和现行宪法都是由宪法起草委员会或宪法修改委员会提出草案，经过全民讨论，最后由全国人民代表大会以全体代表的2/3以上多数通过的。现行宪法明确规定，宪法的修改“由全国人民代表大会以全体代表的三分之二以上的多数通过”，“法律和其他议案由全国人民代表大会以全体代表的过半数通过”。

此外，一些国家还限制了宪法修改的内容和时间。如意大利、法国等国家的宪法都规定：“共和政体不得修改。”希腊的宪法规定：“宪法自公布之日起五年之内不得修改。”巴西的宪法规定：“戒严期间不得修改宪法。”我国宪法虽无上述明文规定，但事实也遵循这样的基本原则。我国现行的 1982 年宪法经历了 4 次大的修改，共产生了 31 条修正案，但宪法中规定的国家性质、根本制度、政权组织形式及国家标志等没有改变，从而保持了我国宪法的社会主义性质和宪法的相对稳定性。

### 三、依宪治国是依法治国的核心

依法治国是一种治国思想体系、原则体系和制度体系的总称，包含丰富的内容。宪法是法治的标志，没有宪法，就没有法治。“法律至上”是法治国家的基本要求，但是没有“宪法至上”，“法律至上”就难以实现。

依法治国，要求国家机关及其工作人员不得做宪法禁止做的事，也不得拒绝做宪法规定做的事。

宪法以法律的形式确认了我国各族人民奋斗的成果，规定了国家的根本制度、根本任务和国家生活中最重要的原则，具有最大的权威性和最高的法律效力。全国各族人民、一切国家机关和武装力量、各政党和各社会团体、各企业事业组织，都必须以宪法为根本的活动准则，并负有维护宪法尊严、保证宪法实施的职责。

### 四、自觉维护宪法的尊严

我国现行宪法是建设中国特色社会主义，把我国建设成为富强、民主、文明、和谐的社会主义现代化国家的根本法律保障，是社会主义新时期治国安邦的总章程。实践证明，我国现行宪法是一部符合国情的好宪法，在国家经济、政治、文化和社会生活中发挥了极其重要的作用：保障了我国改革开放和社会主义现代化建设，促进了我国的社会主义民主建设，推动了我国的社会主义法制建设，促进了我国人权事业和各项社会事业的发展。只有认真贯彻实施宪法，才能保证最广大人民的根本利益，保证国家安全和社会稳定，实现长治久安。

法制宣传教育是提高全民法律素质、推进依法治国基本方略实施、建设社会主义法治国家的一项基础性工作。在全体公民中展开法制宣传教育，首要的任务就是要进行宪法知识的宣传教育，使广大公民了解宪法、掌握宪法，增强宪法观念，树立宪法权威。

在全民法制宣传教育工作和历次开展的五年普法规划中，始终把青少年作为普法的重点对象。在青少年中深入开展法制宣传教育，对于提高青少年法律素质，保护青少年合法权益，促进青少年健康成长，实施依法治国基本方略，构建社会主义和谐社会和全面建设小康社会具有重要意义。

我们要提高宪法意识，凡是宪法所提倡和肯定的行为，要积极拥护努力去做；凡是宪法所要求的行为，要自觉履行；凡是宪法所禁止或否定的行为，不但自己不去做，还要勇敢同违宪行为作斗争，以实际行动为宪法的实施贡献自己的力量。

## 五、我国的国家制度

### （一）人民民主专政制度

我国宪法第一条第一款规定：“中华人民共和国是工人阶级领导的、以工农联盟为基础的人民民主专政的社会主义国家。”宪法的这一规定，明确了我国的国家性质，即社会主义制度是我国的根本制度，人民民主专政是我国国家性质的具体体现。

人民民主专政是我国的国体，亦称国家性质，即国家的阶级本质，它是由社会各阶级、阶层在国家中的地位反映出来的国家的根本属性。它包括两个方面：一是各阶级、阶层在国家中所处的统治与被统治地位；二是各阶级、阶层在统治集团内部所处的领导与被领导地位。

人民民主专政实质上即无产阶级专政。人民民主专政是无产阶级专政的一种具体表现形式，二者在精神实质上、核心内容上是根本一致的。这表现在：领导力量一致——中国共产党；阶级基础一致——工农联盟；专政职能一致——保护人民，打击敌人；历史使命一致——实现共产主义。

人民民主专政制度的阶级结构为：①工人阶级为领导阶级，工人阶级（通过中国共产党）对国家的领导是人民民主专政的根本标志。工人阶级能够成为我国的领导阶级，是由我国工人阶级的本质、特点和肩负的历史使命决定的。②以工农联盟为阶级基础，以知识分子为依靠力量。我国革命和建设的发展历程表明，工人阶级领导的工农联盟是夺取新民主主义革命胜利的重要保证，也是社会主义事业胜利发展的重要保证。现阶段，工农联盟是我国实行社会主义市场经济的主要依靠力量，是党和国家制定政策和法律的出发点和依据。知识分子从来都不是一个独立的阶层，而是从属于不同阶级的特殊阶层。在现阶段，我国的知识分子从总体上讲已经成为工人阶级的组成部分，在国家建设中发挥着非常重要的作用。因此，《宪法》序言中规定："社会主义的建设事业必须依靠工人、农民和知识分子，团结一切可以团结的力量。"

（二）人民代表大会制度

政体又称政权组织形式，是指统治阶级按照一定的原则组成的、代表国家行使权力以实现阶级统治任务的国家政权机关的组织体制。

人民代表大会制度就是指我国人民在中国共产党的领导下，按照民主集中制的原则，依照法定的程序，选举产生全国人大和地方各级人大，并以人大为基础，建立全部国家机构，以实现人民当家做主的制度。

人民代表大会制度的基本原则就是民主集中制。所谓民主集中制，就是既有民主，又有集中，在民主的基础上实行集中，在集中的指导下实行民主，将民主与集中有机结合的一种制度。

人民代表大会制度在我国国家生活和社会生活中发挥着极为重要的作用。具体作用有：保障国家的社会主义性质；保障人民当家做主的主人翁地位；调动中央与地方两个积极性，保障国家权力的顺利实现；保障平等的民族关系，等等。

人民代表大会制度不仅是我国国家机构和国家政治生活的基础，是其他政治制度的核心，而且也是我国人民实现当家做主的基本形式。因此对我国来说，人民代表大会制度是极其优越的制度，主要体现在：①人民代表大会制度适合中国国情，是我国人民革命政权建设的经验总结，因而具有很强的生命力。②人民代表大会制度便于人民参加国家管理。③人民代表大会制度便于集中统一行使国家权力。

### （三）中国共产党领导的多党合作和政治协商制度

实行何种政党制度是由国家性质、国情、国家利益和社会发展要求所决定的。中国的政党制度既不同于西方国家的两党或多党竞争制，也有别于一些国家实行的一党制，而是中国共产党领导的多党合作和政治协商制度。这一政党制度是中国共产党与各民主党派在中国革命、建设和改革的长期实践中确立和发展起来的，是中国共产党同各民主党派风雨同舟、团结奋斗的成果，是由人民民主专政的国体决定的，又与人民代表大会制度的政体相适应，是当代中国的一项基本政治制度。中国人民政治协商会议是中国人民爱国统一战线的组织，是中国共产党领导的多党合作和政治协商的重要机构，也是中国政治生活中发扬民主的重要形式。

中国人民政治协商会议全国委员会由中国共产党、各民主党派、无党派人士、人民团体、各少数民族和各界的代表，香港特别行政区同胞、澳门特别行政区同胞、台湾同胞和归国侨胞的代表以及特别邀请的人士组成，设若干界别。中国人民政治协商会议全国委员会设主席、副主席若干人和秘书长，每届任期五年，全体会议每年举行一次。在各省、自治区、直辖市设中国人民政治协商会议省、自治区、直辖市委员会；自治州，设区的市、县、自治县，不设区的市和市辖区，凡有条件的地方，均可设立中国人民政治协商会议，各该地方的地方委员会，每届任期五年，全体会议每年至少举行一次。人民政协围绕“团结”和“民主”两大主题开展工作，履行政治协商、民主监督、参政议政职能。中国人民政治协商会议在国家政治生活、社会生活和对外友好活动中，在进行现代化建设、维护国家统一和团结中，发挥着重要作用。中国共产党和各级政府大政方针以及政治、经济、文化、社会生活中的重要问题，在决策之前和决策执行过程中在人民政协进行协商，广泛听取各方面意见，集思广益，这是中国共产党和各级政府实现决策科学化和民主化的重要环节。

坚持和完善中国共产党领导的多党合作和政治协商制度，首先是要贯彻落实《中共中央关于进一步加强中国共产党领导的多党合作和政治协商制度建设意见》，认真总结多党合作和政治协商的历史经验和成功做法，进一步明确多党合作和政治协商的原则、内容、方式、程序等，并将其制度化和规范化，完善中国特色社会主义政党制度，以适应社会主义现代化建设、深化改革、扩大开放的需要。其次是充分发挥多党合作和政治协商制度的政治优势，实现广泛的民主参与，集中各民主党派成员、无党派民主人士以及各人民团体和各界人士的智慧，促进执政党和各级政府决策的科学化、民主化；贯彻落实以人为本的科学发展观，加强调查研究，充分反映社情民意和人民的呼声，为全面建设小康社会和构建和谐社会多做贡献。最后是贯彻落实《中共中央关于加强人民政协工作的意见》，健全组织机构和工作机制，明确人民政协的“团结”和“民主”的两大主题，认真履行政治协商、民主监督、参政议政职能；多做调查研究，多反映社情民意，为促进现代化建设、维护国家的统一和各民族团结，多献言献策，为实现中华民族伟大复兴而奋发努力。

（四）我国的民族区域自治制度

民族区域自治制度是我国为解决民族问题、处理民族关系，实现民族平等、团结而建立的基本政治制度。它是指在统一的祖国大家庭内，在国家的统一领导下，以少数民族聚居区为基础，建立相应的自治地方，设立自治机关，行使自治权，使实行区域自治的民族的人民实现当家做主、管理本民族内部地方性事务的权利。主要包括以下主要内容：第一，各民族自治地方都是中华人民共和国不可分离的部分，各民族自治地方的自治机关都是中央统一领导下的地方政权机关；第二，民族区域自治必须以少数民族聚居区为基础，是民族自治与区域自治的结合；第三，在民族自治地方设立自治机关，民族自治机关除行使宪法规定的地方国家政权机关的职权外，还可以依法行使广泛的自治权。

（五）基层群众自治制度

基层民主是我国广大工人、农民、知识分子和各阶层人士，在城乡基层政权机关、企事业单位和基层自治组织中依法直接行使的民主权利，包括政治、经济、文化、教育等领域的民主权利，涉及社会生活各个方面，具有全体公民广泛和直接参与的特点。它不仅是一种基层自治和民主管理制度，而且作为国家制度民主的具体化，是社会主义民主广泛而深刻的实践。

党的十七大首次把基层群众自治制度纳入中国特色社会主义民主政治制度的基本范畴，明确指出：“人民依法直接行使民主权利，管理基层公共事务和公益事业，实行自我管理、自我服务、自我教育、自我监督，对干部实行民主监督，是人民当家做主最有效、最广泛的途径，必须作为发展社会主义民主政治的基础性工程重点推进。”这是因为：一方面，发展基层民主是发展社会主义民主的基础性工作。在我国，人民是国家的主人。保证工人阶级和广大劳动群众行使管理国家、管理经济和社会事务的权利，首先必须保证他们在基层的经济、政治、文化和其他社会事务中当好家做好主，这是实现工人阶级和广大劳动群众在整个国家的经济、政治、文化和社会生活中当家做主的基础。另一方面，基层民主是社会主义民主最广泛的实践，发展基层直接民主，有利于提高全民的民主素养，为发展社会主义民主进一步创造条件。

改革开放以来，随着中国的发展和进步，全国各地城乡基层民主不断扩大，公民有序的政治参与渠道增多，民主的实现形式日益丰富。目前，中国已经建立了以农村村民委员会、城市居民委员会和企业职工代表大会为主要内容的基层民主自治体系。广大人民在城乡基层群众性自治组织中，依法直接行使民主选举、民主决策、民主管理和民主监督的权利，对所在基层组织的公共事务和公益事业实行民主自治，已经成为当代中国最直接、最广泛的民主实践。

### （六）经济制度

经济制度是指一国通过宪法和法律调整以生产资料所有制形式为核心的各种基本经济关系的规则、原则和政策的总和。我国1999年通过的宪法修正案规定：“国家在社会主义初级阶段，坚持公有制为主体、多种所有制经济共同发展的基本经济制度，坚持按劳分配为主体、多种分配方式并存的分配制度。”

## 六、我国的国家机构

### （一）国家机构概述

国家机构是国家机关的总和，是统治阶级为实现国家职能而建立的具有强制力的组织。从我们国家来说，国家机构体现了民主与专政两方面的矛盾统一，是我国人民民主专政的工具。根据我国现行宪法的规定，我国国家机构可分为中央国家机关和地方国家机关。中央国家机关包括全国人民代表大会及其常务委员会、国家主席、国务院、中央军事委员会、最高人民法院、最高人民检察院；地方国家机关则包括地方各级人民代表大会及其常务委员会、地方各级人民政府、地方各级人民法院和人民检察院，以及特别行政区的各级地方国家机关。以上这些部门遵循着人民代表大会制度和民主集中制的原则，共同组成了中华人民共和国国家机构。

### （二）中央国家机关

#### 1. 全国人民代表大会及其常务委员会

我国宪法规定："全国人民代表大会是最高国家权力机关，是行使国家立法权的机关"。全国人民代表大会在我国国家机构体系中居于最高地位，其他中央国家机关都由全国人民代表大会产生，并对它负责，受它监督。全国人民代表大会制定的法律和通过的决议，其他国家机关都必须遵守和执行。全国人民代表大会行使下列职权：修改宪法并监督宪法的实施；制定和修改基本法律；选举、决定和罢免国家机关领导人；决定国家重大问题；最高监督权；其他应当由它行使的职权。

全国人大常委会是全国人大的常设机关，是立法机关，是人民经常行使国家权力的最高国家权力机关。全国人大常委会行使下列职权：解释宪法、监督宪法的实施；根据宪法规定的范围行使立法权；解释和修改法律；审查和监督行政法规、地方性法规的合宪性和合法性；对国民经济和社会发展计划以及国家预算部分调整方案的审批权；监督国家机关的工作；决定、任免国家机关领导人员；主持全国人大代表的选举、召集全国人大会议；国家生活中其他重要事项的决定权；全国人大授予的其他职权。

2. 中华人民共和国主席

中华人民共和国国家主席是我国国家机构的重要组成部分，对外代表中华人民共和国。国家主席、副主席由全国人民代表大会选举产生。根据《宪法》的规定，我国国家主席主要有以下职权：公布法律、发布命令；任免国务院组成人员和驻外全权代表；外交权；荣典权等。

3. 国务院

中华人民共和国国务院，即中央人民政府，是最高国家权力机关的执行机关，是最高国家行政机关。国务院实行总理负责制，对全国人大及其常委会负责并报告工作。宪法关于国务院职权的规定包括：行政法规的制定和发布权；行政措施的规定权；提出议案权；对所属部、委和地方各级行政机关的领导权及其监督权；对国防、民政、文教、经济等各项工作的领导权和管理权；对外事务的管理权；行政人员的任免、奖惩权；最高国家权力机关授予的其他职权。

4. 中央军事委员会

我国宪法规定："中华人民共和国中央军事委员会领导全国武装力量。"因此，中央军事委员会是全国武装力量的最高领导机关。中央军委实行主席负责制，由主席向全国人大和全国人大常委会负责；中央军委主席有权对中央军事委员会职权范围内的事项作出最后决策。

（三）地方国家机关

1. 地方各级人民代表大会及县以上地方各级人大常委会

根据我国宪法和地方组织法的规定，省、自治区、直辖市，自治州、市、县、自治县、市辖区、乡、民族乡、镇设立人民代表大会。地方各级人大是地方国家权力机关，由通过直接选举或间接选举产生的代表组成。其职权包括：保证宪法、法律、行政法规和上级人大及其常委会决议的遵守和执行；决定重大的地方性国家事务；选举和罢免本级国家机关负责人；省、自治区、直辖市和较大的市等的人民代表大会可以制定和颁布地方性法规等。县以上地方各级人大常委会是本级人大的常设机关，对本级人大负责并报告工作。它的主要职权包括：领导本级人大代表的选举，召集本级人民代表大会会议；决定本行政区域内政治、经济、教科文卫等方面的重大事项；对“一府两院”和下级人大及其常委会行使监督权；任免其他国家机关的有关工作人员；省、自治区、直辖市、较大的市等的人大常委会可以制定地方性法规；等等。

2. 地方各级人民政府

根据我国宪法规定，地方各级人民政府是地方各级国家权力机关的执行机关，是地方各级国家行政机关。它由同级人民代表大会产生，既对同级人民代表大会及其常委会负责并报告工作，同时也对上一级人民政府负责。地方各级人民政府实行首长负责制。

（四）人民法院与人民检察院

人民法院是国家的审判机关。根据宪法和人民法院组织法的规定，我国人民法院的组织体系包括：全国设立最高人民法院、地方各级人民法院和专门人民法院；地方各级人民法院分为高级人民法院、中级人民法院、基层人民法院；专门人民法院包括军事法院、海事法院、铁路运输法院。

人民检察院是国家的法律监督机关。根据宪法和人民检察院组织法的规定，我国人民检察院的组织体系包括：全国设立最高人民检察院、地方各级人民检察院和专门人民检察院。地方各级人民检察院分为省、自治区、直辖市人民检察院；省、自治区、直辖市人民检察分院，自治州和设区的市人民检察院；县、不设区的市、自治县和市辖区人民检察院。专门人民检察院包括军事检察院、铁路运输检察院等。

## 第二节　做好国家公民

【经典案例】

某商场近来经常失窃。一天中午，女顾客严某到该商场购物，在她离开商场时，商场服务员怀疑严某有盗窃行为，责问她是否拿了商品未付钱，严某断然加以否认。商场服务员就叫来商场保安段某，段某在没有任何证据的情况下，要严某交代问题，严某矢口否认。段某认为严某态度不老实，命女服务员强行对严某进行搜身，但一无所获，段某才不得不放严某走。

《宪法》第三十八条规定："中华人民共和国公民的人格尊严不受侵犯。禁止用任何方法对公民进行侮辱、诽谤和诬告陷害。"《宪法》第三十七条规定："中华人民共和国公民的人身自由不受侵犯。任何公民，非经人民检察院批准或者人民法院决定，并由公安机关执行，不受逮捕。禁止非法拘禁和以其他方法非法剥夺或者限制公民的人身自由，禁止非法搜查公民的身体。"段某身为保安，在没有掌握任何证据的情况下，如此搜身是违法的。即使保安段某掌握了可靠的证据，也只能报告公安部门，由公安部门依法处理。段某的这种行为违反了宪法的规定，侵犯了公民的人格尊严，应该受到处理。如果段某的行为造成了严重后果，还应移交司法机关追究刑事责任，《刑法》第二百四十五条规定："非法搜查他人身体……，处三年以下有期徒刑或者拘役。"另外，根据消费者权益保护法的规定，消费者在消费过程中的人格尊严必须得到尊重。因此，严某有权要求该商场按照上述法律的有关规定承担法律责任。

## 一、公民和人民

公民是指具有一个国家的国籍，并根据该国宪法和法律的规定享受权利和承担义务的自然人。我国宪法规定，凡具有中华人民共和国国籍的人都是中华人民共和国公民。中华人民共和国国籍法采取出生地主义和血统主义相结合的原则来确定国籍。我国国籍法规定：父母双方或一方为中国公民，本人出生在中国的，具有中国国籍；父母双方或一方为中国公民，本人出生在外国的，具有中国国籍；若其父母双方或一方为中国公民并定居在外国，本人出生时即具有外国国籍的，则不具有中国国籍；父母无国籍或国籍不明者，定居在中国，本人出生在中国，则具有中国国籍。

“公民”与“人民”是两个不同的概念，前者是法律概念，后者是政治概念。在我国，人民是指国家的主人，从政治上区分敌我。人民在不同历史时期，有着不同的内容。我国现阶段，人民是指全体社会主义劳动者，拥护社会主义的爱国者和拥护祖国统一的爱国者。公民比人民的范围大，包括社会全体成员。人民占公民中的绝大多数，被依法剥夺政治权利的人和其他敌对分子虽然不属于人民，但也是我国公民。“公民”一词通常指单个人，而“人民”一词，往往指整体。

## 二、我国公民的基本权利和义务

公民是指具有一个国家的国籍，并根据该国宪法和法律的规定享受权利和承担义务的自然人。我国宪法规定，凡具有中华人民共和国国籍的人都是中华人民共和国公民。公民的基本权利和义务，是指由宪法规定的公民享有和履行的最主要的权利和义务。公民的权利和义务具有广泛性、现实性、平等性和一致性。

### （一）我国公民的基本权利

#### 1. 平等权

《宪法》第三十三条规定："中华人民共和国公民在法律面前一律平等。任何公民享有宪法和法律规定的权利，同时必须履行宪法和法律规定的义务。"

#### 2. 政治权利和自由

《宪法》第三十四条规定："中华人民共和国年满十八周岁的公民，不分民族、种族、性别、职业、家庭出身、宗教信仰、教育程度、财产状况、居住期限，都有选举权和被选举权；但是依照法律被剥夺政治权利的人除外。"公民有言论、出版、集会、结社、游行、示威的自由。公民对任何国家机关和国家工作人员，有提出批评和建议的权利；对于任何国家机关和国家工作人员的违法失职行为，有向有关国家机关提出申诉、控告、检举的权利。公民权利受到国家机关和国家工作人员侵犯而受到损失的人，有依照法律规定取得赔偿的权利。

#### 3. 宗教信仰自由

我国宪法保障公民宗教信仰的自由。国家保护正常的宗教活动。任何人不得利用宗教进行破坏社会秩序、损害公民身体健康、妨碍国家进行教育制度的活动。依照宪法精神和相关法律规定，任何人都不得打着宗教信仰自由的旗号组织和参加邪教组织。

#### 4. 人身自由

《宪法》第三十七条规定："公民的人身自由不受侵犯。任何公民，非经人民检察院批准或决定或人民法院决定，并由公安机关执行，不受逮捕。禁止非法拘禁和以其他方法非法剥夺或限制公民的人身自由，禁止非法搜查公民的身体。"公民的人格尊严不受侵犯。禁止用任何方法对公民进行侮辱、诽谤和诬告陷害。

公民的住宅不受侵犯。禁止非法搜查或非法侵入公民的住宅。公民的通信自由和通信秘密受法律的保护。除因国家安全或追查刑事犯罪的需要，由公安机关或检察机关依照法律规定的程序对通信进行检查外，任何组织或个人不得以任何理由侵犯公民的通信自由和通信秘密。

5. 经济、社会、文化方面的权利

我国宪法保障公民合法的收入、储蓄、房屋和其他合法财产的所有权以及公民的私有财产继承权。公民有劳动的权利。劳动者有休息的权利。国家发展劳动者休息和休养的设施，规定职工的工作时间和休假制度。国家依照法律规定实行企业事业组织的职工和国家机关工作人员的退休制度。退休人员的生活受到国家和社会的保障。公民在年老、疾病或者丧失劳动能力的情况下，有从国家和社会获得物质帮助的权利。国家发展为公民享受这些权利所需要的社会保险、社会救济和医疗卫生事业。公民有受教育的权利，有进行科学研究、文学艺术创作和其他文化活动的自由。

6. 特定主体的权利

《宪法》规定，妇女在政治的、经济的、文化的、社会的和家庭的生活等各方面享有同男子平等的权利。婚姻、家庭、母亲和儿童受国家的保护。保护华侨的正当权利和利益，保护归侨和侨眷的合法权利和利益。

随着社会的发展，我国宪法所确认和保障的公民基本权利的范围将会越来越广泛。

（二）我国公民的基本义务

1. 维护国家统一和全国各民族团结的义务

这是我国公民必须履行的基本义务之一。国家统一和各民族团结是国家繁荣、民族昌盛的重要标志。国家的统一和全国各民族的团结，是建设有中国特色社会主义事业取得胜利的基本保证，也是实现公民基本权利的保证。全体公民必须自觉履行这一义务，坚决反对任何分裂国家和破坏民族团结的行为，并坚决同破坏国家统一和民族团结的行为作斗争。

2. 遵守宪法和法律，尊重社会公德的义务

《宪法》第五十三条规定："中华人民共和国公民必须遵守宪法和法律，保守国家秘密，爱护公共财产，遵守劳动纪律，遵守公共秩序，尊重社会公德。"遵守宪法与法律是公民最基本和最起码的义务；保守国家秘密，爱护公共财产，遵守劳动纪律，遵守公共秩序，尊重社会公德，是公民遵守宪法和法律义务在不同社会领域的具体表现。

我国公民必须遵守宪法和法律。宪法是国家的根本大法，具有最高的法律效力。全国各族人民、一切国家机关和武装力量、各政党和各社会团体、各企事业组织，都必须以宪法为根本活动准则，并且负有维护宪法尊严、保证宪法实施的职责。我国公民必须保守国家秘密。国家秘密关系到国家的安全和利益，泄露国家秘密必然给国家和社会造成重大损失，侵害人民的利益。因此，宪法规定公民有保守国家秘密的义务。爱护公共财产、遵守劳动纪律、遵守公共秩序、尊重社会公德对于国家的利益、对于国家的经济发展和社会秩序的稳定具有重要的意义。

总之，我国宪法和法律是工人阶级领导的广大人民群众共同意志和利益的集中体现与反映，遵守宪法和法律就是尊重人民的意志，维护人民的利益；尊重社会公德，是社会主义精神文明的重要内容，是维护社会安定团结的需要。

因此，每个公民都应自觉遵守宪法、法律和社会公德，与一切违反宪法和法律、破坏社会公德的行为作斗争。

3. 维护祖国安全、荣誉和利益

《宪法》第五十四条规定："中华人民共和国公民有维护祖国的安全、荣誉和利益的义务，不得有危害祖国的安全、荣誉和利

益的行为。”这是保障社会主义现代化建设和改革开放顺利进行的需要，任何公民不得为一己私利或小集团的利益而有损国家的安全、荣誉和利益。如果危害国家安全，给国家利益造成损害，要依法追究其刑事责任。

4. 保卫祖国，抵抗侵略，依法服兵役和参加民兵组织

保卫祖国，抵抗侵略是每一个公民应尽的职责，也是维护国家独立和安全的需要，是保卫社会主义现代化建设、保卫人民幸福生活的需要。所以，每一个公民都必须自觉地依法履行这一光荣义务和神圣职责。

保卫祖国必须有一支强大的人民武装力量，因此服兵役和参加民兵组织是公民保卫祖国、维护国家安全的实际行动。我国《中华人民共和国兵役法》第三条第一款规定：“中华人民共和国公民，不分民族、种族、性别、职业、家庭出身、宗教信仰和教育程度，都有义务依照本法的规定服兵役。”

5. 依法纳税

税收是国家建设资金的重要来源，也是国家财政收入的重要来源之一。税收取之于民，用之于民。公民依法纳税，对于增加国家财政收入，保证国家经济建设资金的需要，改善和提高人民生活都具有重要意义。每个公民都应自觉遵守和执行国家税收法规和政策，与偷税、漏税、抗税的违法行为作斗争，以维护国家的利益。

## 三、增加公民意识

公民意识是指公民个人对自己在国家中地位的自我认识，也就是公民自觉地以宪法和法律规定的基本权利和义务为核心内容，以自己在国家政治生活和社会生活中的主体地位为思想来源，把国家主人的责任感、使命感和权利义务观融为一体的自我认识。它围绕公民的权利与义务关系反映公民对待个人与国家、

个人与社会、个人与他人之间的道德观念、价值取向、行为规范等。它强调的是人在社会生活中的责任意识、公德意识、民主意识等基本道德意识。

公民意识是社会意识的一种存在形式，是一种现代意识，是在现代法治下形成的民众意识，它表现为人们对公民作为国家政治、经济、法律等活动主体的一种心理认同与理性自觉。具体体现为视自己和他人为拥有自由权利、拥有尊严、拥有价值的人，勇于维护自己和他人的自由权利、尊严和价值的意识，这种意识还包含公民对于国家和社会的责任感。

# 第七章　刑法：打击犯罪的有力武器

## 第一节　预防一般违法行为

### 一、治安管理处罚法

#### （一）《中华人民共和国治安管理处罚法》

我国当前社会治安的总体形势较好，但影响社会稳定和治安的因素仍然很多，破坏社会治安的违法案件仍呈上升趋势。我们应该学习和掌握《中华人民共和国治安管理处罚法》（简称《治安管理处罚法》），不仅做到自己守法，还要带动他人守法。

《治安管理处罚法》一方面规范、引导社会成员的行为，使人人懂法、守法，既实现自身的合法权益和自由，又不对他人的合法权益和自由造成侵害；另一方面规范、指导公安机关和人民警察的执法行为，在有效惩治违法行为的同时充分保障人权。该法是新形势下加强社会治安管理、维护公共生活秩序、构建社会主义和谐社会的重要法律保障。

《治安管理处罚法》由第十届全国人民代表大会常务委员会第十七次会议于 2005 年 8 月 28 日通过，自 2006 年 3 月 1 日起施行。该法包括总则、处罚的种类和适用、违反治安管理的行为和处罚、处罚程序、执法监督和附则，共 6 章 119 条。

#### （二）违反治安管理的行为及处罚种类

违反治安管理行为是指扰乱社会秩序，妨害公共安全，侵犯公民人身权利，侵犯公私财产，情节轻微尚不够刑事处罚的行为。《治安管理处罚法》第三章将“违反治安管理的行为”细分为“扰乱公共秩序，妨害公共安全，侵犯人身权利、财产权利和妨害社会管理”4类110多种行为，对违反治安管理的行为做了较为合理的分类，适应了社会经济发展的需要。《治安管理处罚法》规定的治安管理处罚种类有警告、罚款、行政拘留、吊销公安机关发放的许可证、限期出境或者驱逐出境（对违反《治安管理处罚法》规定的外国人适用）等。行政拘留处罚，按照不同的违法行为的性质，区分为5日以下、5日至10日、10日至15日，并规定合并执行最长不超过20日。行政拘留适用的细分体现了对限制人身自由的处罚的慎用。

（三）《治安管理处罚法》立法的必要性与立法原则

其必要性在于：维护社会治安秩序，保障公共安全，保护公民、法人和其他组织的合法权益，规范和保障公安机关及其人民警察依法履行治安管理职责。其基本原则主要有：治安管理处罚必须以事实为依据，与违反治安管理行为的性质、情节以及社会危害程度相当；实施治安管理处罚，应当公开、公正，尊重和保障人权，保护公民的人格尊严；办理治安案件应当坚持教育与处罚相结合的原则。

（四）违反治安管理的行为

根据《中华人民共和国治安管理处罚条例》（以下简称《条例》）的规定，常见的违反治安管理的行为分为八类。

1. 扰乱公共秩序的行为

该行为指故意在公共场所闹事，堵塞交通，抗拒、阻碍国家治安管理工作人员执行任务，尚不够刑事处罚的行为，《条例》规定了37种行为。

2. 妨害公共安全的行为

该行为指故意或者过失可能给不特定多数人的生命、健康和公私财产安全造成损失的行为。《条例》共列举了 11 种行为，如非法携带、存放枪支弹药等。

3. 侵犯他人人身权利的行为

该行为指故意侵犯他人人身和其他与人身有关的权利，危害较小尚不构成刑事处罚的行为。《条例》列举了 7 种行为，如殴打他人造成轻微伤害等。

4. 侵犯公私财物的行为

该行为指故意非法将公私财物据为己有或将财物破坏，情节轻微，尚不够刑事处罚的行为。《条例》列举了 4 种行为，如偷窃、骗取、抢夺少量公私财物的行为。

5. 妨害社会管理秩序的行为

该行为指故意妨害国家机关的正常管理活动和妨害社会秩序，情节轻微，尚不够刑事处罚的行为。《条例》列举了 12 种行为，如明知是赃物而购买等。

6. 违反消防管理的行为

该行为指违反国家对火灾的预防和扑救等工作的管理规定的行为。条例共列举了 8 种行为，如在有易燃、易爆物品的地方吸烟、使用明火等。

7. 违反交通管理的行为

该行为指违反国家及地方有关交通管理方面的法律、法规等行为。《条例》列举了 15 种行为，如非法驾驶不合安全要求的机动车辆等。

8. 违反户口管理的行为

该行为指违反国家和地方关于户口及居民身份证管理的法律、法规的规定或拒绝公安机关依法管理，依《条例》应予处罚的行为，如假冒户口、冒用他人户口证件等。

（五）处罚程序

《治安管理处罚法》专设“处罚程序”一章，分三节对调查、决定和执行程序作出了规定。在调查程序中，规定了告知权利、表明身份、回避等程序。在传唤时间上规定，对违反治安管理行为人，公安机关传唤后应当及时询问查证，询问查证的时间不得超过 8 小时；情况复杂，依照规定可能适用行政拘留处罚的，询问查证的时间不得超过 24 小时。

此外，《治安管理处罚法》还规定了听证程序和救济程序。被处罚人对治安管理处罚决定不服的，可以依法申请行政复议或者提起行政诉讼。被处罚人不服行政拘留处罚决定，申请行政复议、提起行政诉讼的，可以向公安机关提出暂缓执行的申请，在提供担保的情况下经批准可以暂缓执行。

执法监督。《治安管理处罚法》专设“执法监督”一章，规定了公安机关及其人民警察在治安处罚当中，必须遵守的行为规范以及必须禁止的行为。

《治安管理处罚法》规定，公安机关及其人民警察对治安案件的调查，应当依法进行。严禁刑讯逼供或者采用威胁、引诱、欺骗等非法手段收集证据。法律同时规定，人民警察办理治安案件有刑讯逼供行为的，依法给予行政处分；构成犯罪的，依法追究刑事责任。公安机关及其人民警察违法行使职权，侵犯公民、法人和其他组织合法权益的，应赔礼道歉；造成损害的，应当依法承担赔偿责任。法律还明确规定了人民警察不得违反的 11 项规定，以及在办理治安案件过程中应回避的 3 种情形。例如，对群众反映强烈的体罚、虐待、侮辱违反治安管理行为人，超过询问查证的时间限制人身自由，当场收缴罚款不出具罚款收据或者不如实填写罚款数额，私分、侵占、挪用罚没、扣押的款物，违反规定不及时退还保证金，使用或者不及时返还被侵害人财物等，均规定要给予行政处分直至追究刑事责任。

此外，《治安管理处罚法》还规定，公安机关及其人民警察办理治安案件，不严格执法或者有违法违纪行为的，任何单位和个人都有权向公安机关或者人民检察院、行政监察机关检举和控告；收到检举、控告的机关，应当依据责任及时处理。

## 二、杜绝不良行为

【经典案例】

16岁的男孩小华虽然从小爱玩好动，但学习成绩还算不错。这个年纪的孩子，爱打游戏机的挺多，小华也不例外。一次，在游戏机房里，小华认识了一群“哥们”。他们掏出一种白色粉末，围坐在那里吸，一副“飘飘欲仙”的样子，一下子就引起了小华的好奇。当“哥们”怂恿他尝一口时，小华毫不犹豫地伸出了手。有了第一次，就有了第二次、第三次。后来，为了弄钱吸毒，小华开始学会说谎，学也没心思上了，甚至骗起低年级同学的钱。

这个小小年纪的“瘾君子”让我们在叹息之余，更为他对毒品的不设防而痛心。

### （一）吸毒、传播淫秽读物或音像制品、赌博行为的危害

#### 1. 吸毒

吸毒不仅严重危害人的身心健康，传播疾病，而且为走私、贩卖、运输、制造毒品提供了市场，诱发暴力、凶杀、黑社会以及其他刑事犯罪，严重危害社会治安，因此为国家法律严厉禁止。对吸毒者，给予治安管理处罚，并强制戒毒；戒毒后又吸毒的，实行劳动教养，并在劳动教养中强制戒毒。引诱、教唆、欺骗、强迫未成年人吸毒的，构成刑事犯罪，依据刑法从重处罚。

#### 2. 传播淫秽的读物或音像制品

传播淫秽的读物或音像制品，是指通过播放、出租、出借、运输、传递等方式使淫秽的读物或音像制品得以散布、流传的

行为。

未成年人看淫秽的读物或音像制品极容易受毒害，不但会导致意志消沉，无法安心学习，而且会诱发多种不良行为甚至犯罪。

3. 赌博

赌博是指以获取非法收入为目的，聚众进行以财物作抵押，就偶然的输赢决定财物所有权的行为。参与赌博不仅助长投机取巧、不劳而获的投机思想，造成有些人因嗜赌而倾家荡产、家破人亡，而且是社会的不安定因素，会诱发盗窃、抢劫、诈骗、甚至图财害命等犯罪，因而为国家法律所禁止。

对有严重不良行为的未成年人，其父母或者其他监护人和学校应当相互配合，采取措施严加管教，也可以送工读学校进行矫治和接受教育。构成违反治安管理行为的，由公安机关依法予以治安处罚。因不满十四周岁或者情节特别轻微免予处罚的，可以予以训诫。

（二）加强自我防范，杜绝不良行为

青少年时期，正是身心发育、良好行为习惯养成、人格形成的关键时期。在这一时期，青少年一定要慎之又慎，有意识地培养良好行为习惯，远离不良行为。

未成年人应当遵守法律、法规及社会公共道德规范，树立自尊、自律、自强意识，增强辨别是非和自我保护的能力，自觉抵制各种不良行为及违法犯罪行为的引诱和侵害。

被父母或者其他监护人遗弃、虐待的未成年人，有权向公安机关、民政部门、共青团组织、妇女联合会、未成年人保护组织或者学校、城市居民委员会、农村村民委员会请求保护。被请求的上述部门和组织都应当接受，根据情况需要采取救助措施的，应当先采取救助措施。未成年人发现任何人对自己或者其他未成年人实施违法行为或者犯罪行为，可以通过所在学校、父母或者其他监护人向公安机关或者政府有关主管部门报告，也可以自己向上述机关报告。受理报告的机关应当及时依法处理。

## 第二节　自觉预防犯罪

随着社会经济的不断发展，社会环境和社会问题日益复杂化，青少年犯罪率也呈上升趋势，特别是十五六岁的少年犯罪的比例在逐年增加，少年犯罪已成为全社会关注且亟待解决的重要问题，亟须通过学法，进而达到懂法用法，自觉守法，以预防犯罪，维护自己的合法权益。

### 一、犯罪

#### （一）犯罪

我国《刑法》第十三条规定："一切危害国家主权、领土完整和安全，分裂国家、颠覆人民民主专政的政权和推翻社会主义制度，破坏社会秩序和经济秩序，侵犯国有财产或者劳动群众集体所有的财产，侵犯公民私人所有的财产，侵犯公民的人身权利、民主权利和其他权利，以及其他危害社会的行为，依照法律应当受刑罚处罚的，都是犯罪，但是情节显著轻微危害不大的，不认为是犯罪。"该条规定，是对我国"犯罪"概念进行的科学概括。简单说，犯罪是具有社会危害性、刑事违法性与应受刑罚处罚性的行为。

1. 犯罪的构成

犯罪构成即犯罪成立的一般条件，是指刑法规定的，说明行为的社会危害性及其程度，而为成立犯罪所必需具备的主客观要件的统一体。其中的"要件"，是指必要条件。根据刑法理论，任何犯罪的成立，都必须具备犯罪客体要件、犯罪客观要件、犯罪主体要件与犯罪主观要件。

犯罪主体指实施了危害社会的行为、依法应当承担刑事责任的自然人和单位；犯罪主观方面指犯罪主体对自己实施的危害行为及其危害社会的结果所持有的心理态度，它包括犯罪故意和犯罪过失等；犯罪客体，指我国刑法所保护的而为犯罪行为所危害的社会关系；犯罪客观方面，指刑法规定的构成犯罪在客观上需要具备的诸种要件的总称，具体表现为危害行为、危害结果等。

2. 犯罪停止形态

犯罪的停止形态，是指故意犯罪在其发生、发展和完成犯罪的过程及阶段中，因主客观原因而停止下来的各种犯罪状态，包括既遂、预备、未遂、中止形态。

（1）犯罪既遂形态，是故意犯罪的完成形态，是指行为人所故意实施的行为已经具备了某种犯罪构成的全部要件。对于既遂犯，我国刑法要求根据其所犯之罪，在刑法总则一般原则的指导基础上，直接按照刑法分则具体犯罪条文规定的法定刑幅度予以刑罚处罚。

（2）犯罪预备形态，是故意犯罪过程中未完成犯罪的一种停止状态，是指行为人为实施犯罪而开始创造条件的行为，由于行为人意志以外的原因而未能着手犯罪实行行为的犯罪停止形态。

（3）犯罪未遂形态，是指行为人已经着手实施具体犯罪构成的实行行为，由于其意志以外的原因而未能完成犯罪的一种犯罪停止形态。

（4）犯罪中止形态，是指在犯罪过程中，行为人自动放弃犯罪或者自动有效地防止犯罪结果发生，而未完成犯罪的一种犯罪停止形态。犯罪中止形态有两种类型：即自动放弃犯罪的犯罪中止、自动有效地防止犯罪结果发生的犯罪中止。

3. 共同犯罪

共同犯罪是故意犯罪的一种特殊形态，按照我国刑法规定，共同犯罪是指二人以上共同故意犯罪。

共同犯罪的成立要件是：①主体要件，即共同犯罪的主体，必须是两个以上达到了刑事责任年龄、具有刑事责任能力的人。②客观要件，即共同犯罪的成立必须是两个以上的人具有共同犯罪的行为。③主观要件，是指共同犯罪的成立必须是两个以上的行为人具有共同犯罪故意。所谓"共同犯罪故意"，是指各行为人通过意思的传递、反馈而形成的，明知自己是和他人配合共同实施犯罪，并且明知自己的犯罪行为会发生某种危害社会的结果，而希望或者放任这种危害结果发生的心理态度。

在共同犯罪中，主犯是指组织、领导犯罪集团进行犯罪活动或者在共同犯罪中起主要作用的犯罪分子。从犯是指在共同犯罪中起次要作用或者辅助作用的犯罪分子。胁从犯是指被胁迫参加犯罪的人。教唆犯是指故意唆使他人实施犯罪的人。

4. 排除犯罪的事由

一些行为表面上符合犯罪的客观要件，实质上却保护了法益，为刑法所允许。这类行为称为排除犯罪的事由。《刑法》明文规定了正当防卫与紧急避险两种情形。

（1）正当防卫。为了使国家、公共利益、本人或者他人的人身、财产和其他权利免受正在进行的不法侵害，而采取的制止不法侵害的行为，对不法侵害人造成损害的，属于正当防卫，不负刑事责任。正当防卫分为一般正当防卫与特殊正当防卫。

一般正当防卫必须具备以下条件。

第一，必须存在现实的不法侵害行为。不法侵害行为既包括犯罪行为，也包括其他违法行为，但必须是具有攻击性、破坏性、紧迫性的行为。

第二，不法侵害必须正在进行，即不法侵害已经开始且尚未结束。对于尚未开始或者已经结束的行为实施的所谓"防卫行为"，属于防卫不适时，成立故意犯罪或者过失犯罪。

第三，必须针对不法侵害本人进行防卫，不能对第三者造成损害。防卫行为本身通常表现为造成不法侵害者伤亡，或者造成其他损害。

第四，必须没有明显超过必要限度造成重大损害，即防卫行为必须尽可能控制在保护法益所需要的范围之内。正当防卫明显超过必要限度造成重大损害的，属于防卫过当，应当负刑事责任，但是应当减轻或者免除处罚。

《刑法》还规定了特殊正当防卫：对于正在进行行凶、杀人、抢劫、强奸、绑架以及其他严重危及人身安全的暴力犯罪，采取防卫行为，造成不法侵害人伤亡的，不属于防卫过当，不负刑事责任。据此，对严重危及人身安全的暴力犯罪进行正当防卫的，不存在防卫过当问题。但应注意的是，特殊正当防卫仍然以暴力犯罪正在进行为条件。对于尚未开始或者已经结束的暴力犯罪，不得进行防卫。

(2) 紧急避险。为了使国家、公共利益、本人或者他人的人身、财产和其他权利免受正在发生的危险，不得已损害另一较小法益的行为，属于紧急避险，不负刑事责任。分洪是最为典型的紧急避险。紧急避险必须符合以下条件。

第一，法益处于客观存在的危险的威胁之中。

第二，危险必须已经发生或迫在眉睫并且尚未消除。

第三，必须出于不得已而损害另一合法权益。

第四，没有超过必要限度造成不应有的损害。紧急避险行为超过必要限度造成不应有的损害的，应当负刑事责任，但是应当减轻或者免除处罚。此外，关于避免本人危险的规定，不适用于职务上、业务上负有特定责任的人。例如，警察面临不法侵害时，不能实施紧急避险行为。

(二) 刑罚制度

刑罚是刑法规定的由国家审判机关依法对犯罪分子所适用的限制或剥夺其某种权利的最严厉的强制性法律制裁方法，刑罚是一种最严厉的法律制裁措施，只适用于触犯刑法构成犯罪的人，只能由国家刑事审判机关依照法定程序适用。

1. 刑罚体系

刑罚体系是指国家的刑事立法以有利于发挥刑罚的积极功能、实现刑罚目的为指导原则，选择刑种、实行分类并依其轻重程度排成的序列。我国的刑种是在总结了长期以来各种刑事立法规定的刑罚种类及其运用经验的基础上选择确定的。根据刑法的规定，刑罚分为主刑与附加刑，主刑有管制、拘役、有期徒刑、无期徒刑与死刑；附加刑有罚金、剥夺政治权利、没收财产与驱逐出境。主刑与附加刑又是分别按照严厉程度由轻到重进行排列的。

（1）主刑。主刑是对犯罪分子适用的主要的刑罚方法。它的特点是只能独立适用，不能附加适用。对于一个犯罪，只能适用一个主刑。主刑包括管制、拘役、有期徒刑、无期徒刑、死刑五种刑罚方法。

1）管制是指对犯罪分子不予关押，但限制其一定自由，由公安机关予以执行的刑罚方法。管制的期限为 3 个月以上 2 年以下，数罪并罚最高不能超过 3 年。

2）拘役是短期剥夺犯罪分子的人身自由，就近执行并实行劳动改造的刑罚方法。拘役的期限为 1 个月以上 6 个月以下，数罪并罚最高不能超过 1 年。

3）有期徒刑是剥夺犯罪分子一定期限的人身自由，强制其参加劳动并接受教育改造的刑罚方法，是我国适用最广泛的一种刑罚方法。有期徒刑的刑期为 6 个月以上 15 年以下，死缓减为有期徒刑或数罪并罚时最高不能超过 20 年。

4）无期徒刑是剥夺犯罪分子的终身自由，强制其参加劳动并接受教育改造的刑罚方法。无期徒刑适用于罪行严重、社会危害性及人身危险性均比较大的犯罪分子。

5）死刑是剥夺犯罪分子生命的刑罚方法。我国对死刑的适用有严格的限制：死刑只适用于罪行极其严重的犯罪分子；犯罪时不满 18 周岁的人不适用死刑，审判时怀孕的妇女不适用死刑。

死刑除依法由最高人民法院判决的以外，都应当报请最高人民法院核准。死刑缓期执行的，可以由高级人民法院判决或者核准。对于应当判处死刑的犯罪分子，如果不是必须立即执行的，可以判处死刑同时宣告缓期2年执行。

(2) 附加刑。附加刑又称从刑，是补充主刑适用的刑罚方法，它的特点是既能独立适用，又能附加适用。附加刑包括罚金、剥夺政治权利、没收财产。

1) 罚金。罚金是人民法院判处犯罪分子向国家缴纳一定金钱的刑罚方法，属于财产刑。罚金不同于行政罚款：罚金是刑罚方法，罚款是行政处罚；罚金适用于触犯刑律的犯罪分子和犯罪的单位，罚款适用于一般违法分子和违法的单位；罚金只能由人民法院依照刑法的规定适用，罚款则由公安机关和海关、税务、工商行政管理等有关部门，依照有关法规的规定适用。

2) 剥夺政治权利。剥夺政治权利是剥夺犯罪分子参加国家管理与政治活动权利的刑罚方法，属于资格刑。剥夺政治权利的内容包括：选举权和被选举权；言论、出版、集会、结社、游行、示威自由的权利；担任国家机关职务的权利；担任国有公司、企业、事业单位和人民团体领导职务的权利。

3) 没收财产。没收财产是指将犯罪分子个人所有财产的一部分或全部强制无偿地收归国有的刑罚方法。没收财产只限于没收犯罪分子个人所有的财产，对于犯罪分子家属所有的财产不得没收。没收全部财产的，应当对犯罪分子个人及其抚养的家属保留必要的生活费。

2. 刑罚裁量制度

刑罚裁量也称为量刑，它是指人民法院在定罪的基础上，根据行为人的犯罪事实与法律有关规定，依法决定对犯罪人是否判处刑罚、判处何种刑罚，以及判处多重刑罚，并决定对犯罪人所判刑罚是否立即执行的司法审判活动。刑罚裁量必须以犯罪事实为依据，以刑事法律为准绳。

累犯是指因犯罪而受过一定的刑罚处罚，在刑罚执行完毕或者赦免以后，在法定期限内又犯一定之罪的情况。对于累犯，应当从重处罚，但过失犯罪除外。自首是指犯罪分子犯罪以后自动投案，如实供述自己的罪行的行为，或者被采取强制措施的犯罪嫌疑人、被告人和正在服刑的罪犯，如实供述司法机关还未掌握的本人其他罪行的行为。对于自首的犯罪分子，可以从轻或者减轻处罚；其中，犯罪较轻的，可以免除处罚。立功是指犯罪分子揭发他人犯罪行为，查证属实，或者提供重要线索，从而得以侦破其他案件等行为，分为一般立功和重大立功。犯罪人有立功表现的，可以从轻或减轻处罚；有重大立功表现的，可以减轻或免除处罚；犯罪后自首又有重大立功表现的，应当减轻或免除处罚。数罪并罚，是指人民法院对一人犯数罪分别定罪量刑，并根据法定原则与方法，决定应当执行的刑罚。缓刑是指人民法院对判处拘役、三年以下有期徒刑的犯罪分子，根据其犯罪情节及悔罪表现，认为暂缓执行原判刑罚，确实不致再危害社会的，规定一定的考验期，暂缓其刑罚的执行；在考验期内，如果符合法定条件，原判刑罚就不再执行的一项制度。

此外，《刑法》还对减刑、假释等刑罚执行制度作出了规定。

3. 我国刑法规定的具体犯罪种类

我国刑法分则是关于具体犯罪及其刑事责任的规定，根据同类客体的不同，把犯罪共分为 10 类：危害国家安全罪，危害公共安全罪，破坏社会主义市场经济秩序罪，侵犯公民人身权利、民主权利罪，侵犯财产罪，妨害社会管理秩序罪，危害国防利益罪，贪污贿赂罪，渎职罪和军人违反职责罪。每一类犯罪又规定了若干具体的犯罪。

第一，危害国家安全罪。是指故意危害中华人民共和国的主权、领土完整与安全，分裂国家，颠覆国家政权，推翻社会主义制度的行为。

第二，危害公共安全罪。是指故意或者过失地实施危害不特定多数人的生命、健康、重大公私财产或者公共生活安全的行为。

第三，破坏社会主义市场经济秩序罪。是指违反国家经济管理法律、法规，破坏社会主义市场经济秩序，严重危害市场经济发展的行为。

第四，侵犯公民人身权利、民主权利罪。是指故意或者过失侵犯公民人身及其他与公民人身自由直接有关的权利，以及非法剥夺或者妨害公民自由地行使依法享有的管理国家事务和参加政治活动的权利及其他民主权利的行为。

第五，侵犯财产罪。是指故意非法占有、挪用、毁坏公私财物的行为。

第六，妨害社会管理秩序罪。是指故意妨害国家机关对社会的管理活动，破坏社会秩序，情节严重的行为。

第七，危害国防利益罪。是指危害作战或者军事行动，危害国防基础设施和国防活动，妨害国防管理秩序，拒绝或者逃避履行国防义务的行为。

第八，贪污贿赂罪。是指国家工作人员利用职务上的便利，贪污、挪用、私分公共财物，索取收受贿赂，或者以国家工作人员、国有单位为对象进行贿赂，损害国家工作人员公务行为的廉洁性的行为。

第九，渎职罪。是指国家机关工作人员滥用职权、玩忽职守或者徇私舞弊，妨害国家管理活动，致使公共财产、国家和人民利益遭受重大损失的行为。

第十，军人违反职责罪。是指军人违反职责，危害国家军事利益，依照法律应当受刑罚处罚的行为。

## 二、防范职业活动中的犯罪行为

### （一）合同诈骗罪

合同诈骗罪是指以非法占有为目的，在签订、履行合同过程中，采取虚构事实或者隐瞒真相等欺骗手段，骗取对方当事人的财物，数额较大的行为。

（二）破坏环境资源保护罪

个人或单位故意违反环境保护法律，污染或破坏环境资源，造成或可能造成公私财产重大损失或人身伤亡的严重后果，触犯刑法并应受刑事惩罚的行为。

（三）重大责任事故罪

重大责任事故罪是指工厂、矿山、林场、建筑企业或者其他企业、事业单位的职工，由于不服管理、违反规章制度，或者强令工人违章冒险作业，因而发生重大伤亡事故或者造成其他严重后果的行为。

（四）滥用职权罪

滥用职权罪是指国家机关工作人员故意逾越职权或者不履行职责，致使公共财产、国家和人民利益遭受重大损失的行为。

（五）挪用资金罪

挪用资金罪是指公司、企业或者其他单位人员，利用职务上的便利，挪用本单位资金归个人使用或者借贷给他人，数额较大、超过3个月未还，或者虽未超过3个月，但数额较大、进行营利活动的，或者进行非法活动的行为。

（六）制售伪劣产品罪

制售伪劣产品罪是指生产者、销售者故意在产品中掺杂、掺假，以次充好，以假充真或者以不合格产品冒充合格产品，销售金额5万元以上的行为。

（七）偷税罪

偷税罪是指纳税人违反税收管理法规，采取伪造、变造、隐匿、擅自销毁账簿、记账凭证；在账簿上多列支出或者不列、少列收入；经税务机关通知申报而拒不申报，进行虚假的纳税申报的手段，不缴或者少缴应纳税款，数额较大或者曾因偷税被税务机关给予过两次行政处罚又偷税的行为。

（八）受贿罪

受贿罪是指国家工作人员利用职务上的便利，索取他人财物或非法收受他人财物，为他人谋取利益的行为。

# 第八章　行政法：国家行政管理的规范

行政法是调整行政关系的法律规范的总称，它是国家公务员依法行政的法律武器。学习行政法知识，加深对依法行政的认识，有助于增强职业人的行政法律意识和法制观念，提高遵守行政法的自觉性。

## 第一节　行政法概述

行政法是调整行政关系的法律规范的总称，亦可理解为行政法是关于行政权力的组织分工和行使、运作，以及对行政权力进行监督的法律规范的总称。

据此，可以对行政法做如下认识和理解。

第一，行政法是创设、规定行政机关及行政权力的法。所谓行政权力是一个国家权力体系中负责执行国家权力机关的意志，维护社会、经济、文化等秩序，增进社会公共利益，管理社会事务的权力。行政法不仅创设、规定行政机关，而且还要创设、规定行政权力。例如：《中华人民共和国国务院组织法》就明确规定了国务院及其各部委的组成及其行政职权的划分。

第二，行政法是规范行政权力的行使和运用的法。此类规则构成了行政法的核心，具体分成两大类：一类是分散在各个特别法或部门法之中的规则。例如：《中华人民共和国海关法》《中华人民共和国税收征管法》等分别是规范海关权力、税收权力行使的具体规则；另一类是统一规定于某一法律，各行政机关都普遍适用的规则，如《中华人民共和国行政处罚法》。

第三，行政法是监督行政权力的法。为确保行政主体依法行政、维护行政相对人的利益、创建和谐统一的法律秩序，必须对行政权力的取得和行使予以有效监督。所以，宪法中的某些条款如民主集中制原则、依法办事原则就是行政法的重要渊源；司法机关对行政权力的监督适用行政诉讼法及刑法中的某些条款；行政机关对行政权力的监督是通过监察、审计及上下级之间的监督等方式进行的。诸如此类的监督规则均是行政法律规则。

## 第二节　行政法的基本原则

行政法的基本原则是贯穿于行政法律规范之中，指导行政法的制定、修改、废除并指导行政法实施的基本准则。

### 一、依法行政原则

依法行政原则是行政法的一项基本原则，要求行政权力主体必须依据法规取得行政权力并对行使权力的行为承担法律责任。其基本涵义是：

（1）职权法定。行政机关及其工作人员的职责权力均是法律创设的，行政机关及其工作人员行使权力都应以法律为依据。

（2）权责统一。行政权力与行政责任密不可分，行政机关的职权既是权力，同时又是义务。在通常情况下，行政权力主体不能放弃、转让其权力，否则就意味着失职、弃职。例如：征税既是税务部门的权力，又是其义务。

（3）依程序行政。依法行政不仅要求行政机关行使的权力合法，而且也要求其程序合法。

（4）违法行为必须承担法律责任。行政机关行使行政权力一旦违反职权法定、权责统一、程序合法等法律规定，就必须承担相应的法律后果。

## 二、合理行政原则

合理行政原则又称公平、公正原则，它要求行政权力主体行使行政权力应当客观、适度，符合理性。其具体要求是：

(1) 动机合法。即行使行政权力的动机应当符合法律授予该权力的宗旨。

(2) 行为正当。即行政主体及其行政人员行使权力，实施行政行为时应当建立在正当考虑的基础上。所谓正当的考虑，是依照正常人的经验、知识和理解水平所应当考虑或不考虑的情形。

(3) 内容和结果公平合理。即行使权力的内容和结果应当公平、适度，合乎情理，具有可行性。

(4) 违反合理行政原则要承担法律责任。对于不适当、不合理及显失公正的行政行为，应由法定机关予以纠正。根据《中华人民共和国行政复议法》的规定，行政复议机关有权纠正不适当的具体行政行为。同时，如果不合理的行政行为侵害了相对人的合法权益，行政主体应承担法律责任。

# 第三节　国家行政机关

国家行政机关是指按照宪法和有关组织法的规定而设立的依法行使国家行政职权、对国家各项行政事务进行组织和管理的国家机关。它是国家权力机关的执行机关，是行政法律关系的主体之一。

在我国，国家行政机关的基本结构是：在中央政府一级的行政机关有国务院，国务院各部、委，国务院的直属局等；在地方政府的序列中的行政机关有各省、自治区、直辖市的人民政府，市（设区的市）、自治州的人民政府，县级市、县、自治县的人民政府，乡、民族乡、镇的人民政府；地方各级人民政府的职能部门；地方各级人民政府的派出机关，如行政公署、区公所、街道办事处。地方各级人民政府是同级人民代表大会的执行机构，受上级人民政府和国务院领导。

国家行政权既是职权也是职责，它是由国家法律、法规规定的，行政主体不可推卸。行政主体必须忠实履行职责，不得失职。按照行政职权的内容可将其划分为行政立法权、行政决定权、行政确认权、行政命令权、行政措施实施权、行政救济权、行政处罚权和行政监督权等。

## 第四节　国家公务员

我国于 1993 年制定了《国家公务员暂行条例》。2005 年 4 月 27 日第十届全国人民代表大会常务委员会第十五次会议通过了第一部《中华人民共和国公务员法》，于 2006 年 1 月 1 日起实施。在我国，国家公务员是指依法履行公职、纳入国家行政编制、由国家财政负担工资福利的工作人员。国家公务员依法行使国家行政权力，执行国家公务，是国家行政管理的具体实施者和承担者。

国家实行公务员职位分类制度。公务员职位类别按照公务员职位的性质、特点和管理需要，划分为综合管理类、专业技术类和行政执法类等类别。

公务员职务分为领导职务和非领导职务。领导职务层次分为：国家级正职、国家级副职、省部级正职、省部级副职、厅局级正职、厅局级副职、县处级正职、县处级副职、乡科级正职、乡科级副职。他们可以通过被选举或被任命而成为政府组成人员。这类公务员实行任期制，连选连任不得超过两届。

非领导职务层次在厅局级以下设置。非领导职务分为巡视员、副巡视员、调研员、副调研员、主任科员、副主任科员、科员、办事员。他们是公务员的主体，在国家行政机关中占绝大多数。这类公务员主要通过考试录用产生，也有部分通过调任产生。

# 第九章 劳动法：和谐劳动关系的维护者

## 第一节 劳动法及其特点

### 一、劳动法的含义

劳动法是调整劳动关系以及由劳动关系产生的其他关系的法律规范的总称。社会保障法是调整社会保障关系的法律规范的总称。重要的立法是《中华人民共和国劳动法》（简称《劳动法》），社会保障法律制度见于相关法律法规及条例规定。

劳动法的调整对象是劳动关系，包括劳动就业、劳动合同、劳动报酬、劳动安全、劳动时间和休假、劳动卫生、劳动保护、劳动纪律、劳动争议和职业培训等劳动问题。2018 年 12 月 29 日，第十三届全国人民代表大会常务委员会第七次会议通过对《中华人民共和国劳动法》作出修改。

### 二、劳动法的特点

劳动法具有如下特征。

（1）劳动法的基本价值取向是侧重保护劳动者，使其进行有尊严的劳动，通过法律的强制弥补劳动者的弱势地位。

（2）强制性规范与任意性规范相结合，以强制性规范为主。劳动法大多属于强制性规范，尤其是劳动强制标准，它是国家对用人单位设定的义务，用人单位必须严格遵守，不能降低标准，只能在最低标准之上给予劳动者更好的劳动条件和工资福利待遇。

(3) 在政府内部设置专门的部门执行劳动法，贯彻劳动法的实施，并对用人单位实施劳动法的行为进行监督。政府的劳动保障部门对于违反劳动法中工作时间、休息休假、工资、劳动保护等规定的行为，负有监管之责，政府的劳动监察部门义不容辞地要去查处。政府劳动部门的工作方式是采取接受劳动者举报进行查处与定期和不定期到企业进行检查督促相结合，发现企业违法行为及时予以纠正和处罚。

## 第二节　劳动者的权利和义务

### 一、劳动者的基本权利

我国宪法规定，中华人民共和国公民有劳动的权利和义务，一个公民既有劳动的权利，同时又有劳动的义务。劳动法进一步明确规定，“劳动者享有平等就业和选择职业的权利、取得劳动报酬的权利、休息休假的权利、获得劳动安全卫生保护的权利、接受职业技能培训的权利、享受社会保险和福利的权利、提请劳动争议处理的权利以及法律规定的其他劳动权利。”

*(一) 劳动者有平等就业的权利*

劳动权，也称劳动就业权，是指具有劳动能力的公民有获得职业的权利。劳动是人们生活的第一基本条件，是一切物质财富、精神财富的源泉，它是有劳动能力的公民获得参加社会劳动和切实保证按劳动取酬的权利。公民的劳动就业权是公民享有的各项权利的基础，如果公民的劳动不能实现，其他一切权利也就失去了基础和意义。

*(二) 劳动者有选择职业的权利*

劳动者选择职业的权利，是指劳动者根据自己意愿选择适合自己才能、爱好的职业。劳动者拥有自由选择职业的权利，有利于劳动者充分发挥个人的特长，促进社会生产力的发展。中华人民共和国成立以后相当长时期内，我国对劳动就业实行统一分配，提倡劳动者“干一行爱一行”。劳动者服从国家的分配，在祖国最需要的岗位忘我工作，为社会主义建设做出了巨大贡献。但国家统包统分的计划经济模式也存在弊端，企业是政府的附属物，它不能自主地选择自己所需要的劳动，同时劳动者不能自主地选择职业和企业，造成了社会生产力的浪费。随着经济体制的改革以及企业转换经营机制的改革，迫切要求培育和发展社会主义劳动力市场。劳动者成为市场的主体，劳动者与企业通过双向选择实现就业。在劳动力市场上，劳动者作为就业主体，具有支配自身劳动力的权利，可根据自身素质、意愿和市场价格信号，选择用人单位。选择职业的权利是劳动者劳动权利的体现，是社会进步的体现。

（三）劳动者有取得劳动报酬的权利

取得劳动报酬的权利是公民的一项重要劳动权利。我国宪法不仅规定公民有劳动的权利，而且给予劳动者的劳动权利以现实的物质的和法律的保障。我国宪法明确规定的各尽所能、按劳力分配的原则，是我国的经济制度的重要组成部分，同时宪法还规定，实行男女同工同酬，国家在发展生产的基础上，提高劳动报酬和福利待遇。新中国成立以后，我国制定了许多有关工资制度的法规。它们的实施，保证了劳动者生活水平的提高，调动了劳动者的生产积极性，促进了生产的发展。随着劳动制度的改革，劳动关系的各方面初步引入了市场机制。关于劳动报酬，成为劳动者与用人单位所签订的劳动合同的必备条款。劳动者付出劳动，依照合同及国家有关法律取得劳动报酬，是劳动者的权利，而及时足额地向劳动者支付工资是用人单位的义务。用人单位违反义务，劳动者可以依法要求有关部门追究其责任。获取劳动报酬是劳动者持续地行使劳动权必不可少的物质保证。

（四）劳动者享有休息休假的权利

我国宪法规定，劳动者有休息的权利，国家发展劳动者休息和休养的设施，规定职工的工作时间和休假制度。我国劳动法规定的休息时间包括工作间歇、两个工作日之间的休息时间、公休日、法定节假日以及年休假、探亲假、婚丧假、事假、生育假、病假等。近年我国对休息制度作了较大调整，由原来的每周48小时工作制，改为44小时。缩短工时是提高劳动生产率的一种手段，也适应了劳动者生活水平提高的需要。休息休假的法律规定既是实现劳动者休息权的重要保障，又是对劳动者进行劳动保护的一个方面。劳动法规定，用人单位不得任意延长劳动时间。

（五）劳动者有获得劳动安全卫生保护的权利

劳动安全卫生保护，是保护劳动者的生命安全和身体健康，是对享受劳动权利的主体切身利益最直接的保护。由于劳动总是在各种不同环境、条件下进行的，在生产中存在着各种不安全、不卫生的因素，如不采取防护措施，就会造成工伤事故和引起职业病，危害劳动者的安全和健康。如果劳动保护工作欠缺，导致的后果不是某些权益的损失，而是劳动者健康和生命的直接伤亡，对任何一个劳动者而言，生命是行使劳动权利的前提，没有生命，享受任何权利都是一句空话。目前我国已制定了大量的关于劳动安全保护方面的法规，形成了安全技术法律制度，职业安全卫生行政管理制度，以及劳动保护监督制度，但有些用人单位对于劳动安全保护的重要性还认识不够，有些则无视对劳动者劳动安全保护的责任，尤其在一些乡镇企业和个别的三资企业出现为追求利润，降低劳动条件的标准，以致发生恶性事故的现象。劳动法规定，用人单位必须建立、健全劳动安全卫生制度，严格执行国家安全卫生规程和标准，为劳动者提供符合国家规定的劳动安全制度，严格执行国家安全卫生规程和标准，为劳动者提供符合国家规定的劳动安全卫生条件和必要的劳动防护用品，对从事特种作业的人员进行专门培训，防止劳动过程中的事故，减少职业危害。

（六）接受职业技能培训的权利

职业技能培训是指对准备就业的人员和已经就业的职工，以培养其基本的职业技能或提高其职业技能为目的而进行的技术业务知识和实际操作技能教育和训练。我国宪法规定，公民有受教育的权利和义务。受教育既包括受普通教育，也包括受职业教育。公民有劳动的权利，要实现劳动权是离不开劳动者自身拥有职业技能的，在职业技能的获得越来越多地依赖职业培训的今天，公民没有职业培训权利，劳动就业权利就无法充分实现。

（七）享受社会保险和福利的权利

社会保险是国家和用人单位依照法律规定或合同的约定，对具有劳动关系的劳动者在暂时或永久丧失劳动能力以及暂时失业时，为保证其基本生活需要，给予物质帮助的一种社会保障制度。疾病、年老等是每一个劳动者都不可避免的，社会保险是劳动力再生产的一种客观需要。我国的社会保险制度自建立以来，随着生产建设的发展，不断地得到补充和完善，对保护职工身体健康、解除职工的后顾之忧、调动职工的生产积极性，发挥了重要的作用。我国的劳动保险包括生育、养老、疾病、伤残、死亡及供养直系亲属等，1986 年又增加了待业保险。但目前我国社会保险还存在一些问题，如社会保险基金制度不健全，保险基金筹集渠道单一，国家负担过重，企业负担畸重畸轻，社会保险的实施范围不广泛，发展不平衡，社会化程度低，影响劳动力的合理流动等。

（八）提请劳动争议处理的权利

争议指劳动关系当事人因执行劳动法或履行集体合同和劳动合同的规定引起的争议。劳动关系当事人作为劳动关系的主体，各自存在着不同的利益，双方不可避免地会产生分歧。用人单位与劳动者发生劳动争议，劳动者可以依法申请调解、仲裁，提起诉讼。劳动争议调解委员会由用人单位、工会和职工代表组成。劳动仲裁委员会由劳动行政代表、同级工会、用人单位代表组成。解决劳动争议应贯彻合法、公正及时处理的原则。在发生争议时有提请争议处理的权利，也是劳动者其他合法权利的保证。

## 二、劳动者的基本义务

劳动者的义务是指劳动法规定的对劳动者必须作出一定行为或不得作出一定行为的约束。权利和义务是密切联系的，任何权利的实现总是以义务的履行为条件，没有权利就无所谓义务，没有义务就没有权利。《中华人民共和国劳动法》第三条第二款规定，劳动者应当完成劳动任务，提高职业技能，执行劳动安全卫生规程，遵守劳动纪律和职业道德。

劳动者有完成劳动任务的义务。劳动者有劳动就业的权利，而劳动者一旦与用人单位发生劳动关系，就必须履行其应尽的义务，其中最主要的义务就是完成劳动生产任务。这是劳动关系范围内的法定的义务，同时也是强制性义务。劳动者不能完成劳动义务，就意味着劳动者违反劳动合同的约定，用人单位可以解除劳动合同。

提高职业技能、执行劳动安全卫生规程，遵守劳动纪律和职业道德，既是劳动者的义务，也是劳动者完成劳动任务的保证。劳动者努力提高职业技能，提高技术业务知识和实际操作技能，使劳动者成为适应社会主义建设的熟练劳动者，有利于提高劳动生产率，加快社会主义建设的速度。劳动者对国家以及企业内部关于劳动安全卫生规程的规定，必须严格执行，以保障安全生产，从而保证劳动任务的完成。遵守劳动纪律和职业道德，是作为劳动者的起码条件。宪法规定遵守劳动纪律是公民的基本义务，其意义是重大的。劳动纪律是劳动者在共同劳动中所必须遵守的劳动规则和秩序。它要求每个劳动者按照规定的时间、质量、程序和方法完成自己应承担的工作。劳动者应当履行规定的义务，不断增强国家主人翁责任感，兢兢业业、勤勤恳恳地劳动，保质保量地完成规定的生产任务，自觉地遵守劳动纪律，维护工作制度和生产秩序。职业道德是从业人员在职业活动中应当遵循的道德。职业道德是在职业生活中形成和发展，调节职业活动中的特殊道德关系和利益矛盾，它是一般社会道德在职业活动中的体现，其基本要求是忠于职守，并对社会负责。遵守劳动纪律和职业道德，是保证生产正常进行和提高劳动生产率的需要。现代社会化的大生产，客观上要求每个劳动者严格遵守劳动纪律，以保证集体劳动的协调一致，从而提高劳动生产率，保证产品质量。劳动者在维护企业和自身利益的同时，还要就自己提供的产品和服务向社会负责，这是现代社会法律要求劳动者必须履行的义务。

## 第三节　劳动合同的订立、变更和解除

我国的劳动合同制度从20世纪80年代中期开始试点，在90年代得到大力推行，至今已在城镇各类企业中广泛实施。我国的法律规定，用人单位与劳动者依法建立劳动关系，应该书面订立有固定期限、无固定期限或以完成一定的工作为期限的劳动合同；在订立劳动合同过程中，劳动关系双方必须遵循平等自愿、协商一致的原则。实行劳动合同制度，明确了劳动者与用人单位双方的权利和义务，保障了劳动者择业自主权和用人单位的用人自主权。

### 一、劳动合同订立的原则

劳动合同订立的原则，是指劳动合同订立过程中双方当事人应当遵循的法律准则。它是劳动合同订立的指导方针和总的精神，是劳动合同本质的反映，贯穿于劳动合同订立的全过程。劳

动合同订立的原则，对于劳动合同订立过程中的每一个环节都具有指导和统帅作用，是具有普遍约束力和指导意义的法律规则，是衡量当事人双方订立劳动合同是否有效的依据和基本标志。《劳动法》第十七条明确规定，订立和变更劳动合同应当遵守平等自愿、协商一致的原则，不得违反法律、行政法规的规定。这一规定包括了三个方面的内容。

（一）平等自愿的原则

平等，是指订立劳动合同的双方当事人具有相同的法律地位。在订立劳动合同时，双方当事人都是以劳动关系主体资格出现的，是平等主体之间的关系，双方都要以法律为依据，进行充分协商。协商时，双方都有平等的利益要求的权利，不存在命令与服从关系。平等原则赋予了双方当事人公平的表达自己意愿的机会，有利于维护双方的合法利益。

自愿，是指订立劳动合同完全是出于双方当事人自己的真实意见，是双方当事人意思一致的表示，是在各自充分表达了意见，经过平等协商而达成的协议。自愿的含义包括劳动合同订立必须由双方当事人依照自己的意愿独立自主决定，他人不得强制命令，当事人一方不得欺哄对方，也不能采取其他诱导方式使一方当事人违背自己的真实意愿而接受对方的条件；劳动合同的期限、内容的确定，必须完全与双方当事人的真实意志相符。

在平等自愿原则中，平等是自愿的基础和前提，自愿则是平等的必然体现，不平等就难以真正实现自愿。

（二）协商一致的原则

所谓协商一致，是指劳动合同的全部内容，在法律、法规允许的范围内，由双方当事人共同讨论、协商，取得完全一致的意见后确定。协商一致的要害是一致。订立劳动合同时，双方当事人虽然经过充分协商，但分歧仍很大，没有达成一致的意思表示，合同就不能成立。协商一致表明，劳动合同的全部内容都符合当事人的意愿，能为双方当事人所接受。协商一致的原则是维护双方当事人合法权益的基本要求。

（三）不得违反法律、行政法规的原则

不得违反法律、行政法规的原则，即劳动合同的合法原则。订立劳动合同的合法原则是劳动合同有效并受国家法律保护的前提条件。合法原则的基本要求是：

第一，订立合同的目的必须合法。所谓目的合法，是指当事人双方订立劳动合同的宗旨和实现法律后果的意图不违反法律、法规的规定，对于劳动者来说是为了实现劳动就业，获得劳动报酬，以维持生活和生存。对于用人单位来说，是为了使用劳动力来组织社会生产劳动，发展经济。当事人不得以订立劳动合同的合法形式掩盖不法意图的内容，达到不良企图的目的。目的合法往往是当事人内心的行为动机，一般不易从外表上体现出来，这就要求当事人必须自觉遵守订立劳动合同的法律规定，不做违法乱纪的事情。

第二，订立劳动合同的主体必须合法。所谓主体合法，是指订立劳动合同的双方当事人必须具备订立劳动合同的主体资格。对用人单位来说，主体资格是指必须具备法人资格，个体工商户必须具备民事主体的权利能力和行为能力；对于劳动者来说，必须具备法定的劳动年龄，具备劳动权力能力和劳动行为能力。任何一方如果不具备订立劳动合同的主体资格，所订立的劳动合同就属于违法合同。

第三，订立劳动合同的内容必须合法。订立劳动合同的内容必须合法，是指双方当事人在劳动合同中设立的权利义务必须符合国家法律、法规和政策的规定。劳动合同的内容涉及国家的用工、工资分配、社会保险、职业培训、工作时间和休息时间、劳动安全卫生等多方面的法律、行政法规和政策规定，劳动合同在约定这些内容时，必须在法律、行政法规和政策的范围内确定，不能违背法律、行政法规和政策，更不能违反法律、行政法规和政策。比如，国家法律、行政法规规定劳动者每日工作时间不超过8小时，劳动合同中约定的劳动者每日工作时间不高于8小时，国家法律、行政法规规定劳动者有休息和休假的权利，劳动合同中就不能约定劳动者不休息和不休假的条件，更不能剥夺劳动者享受每周公休日、法定节假日休息的权利。

第四，订立劳动合同的程序、形式必须合法。程序合法是指订立劳动合同要依照国家法律、行政法规规定的步骤和方式进行。在国家没有制定专门的规范劳动合同订立的程序的规定前，应按现行的有关规定和合同制度的一般法则来订立劳动合同。比如要经过要约与承诺两个步骤。具体方式是先起草劳动合同书草案，然后当事人协商，协商一致后签约。形式合法，是指订立劳动合同必须依照法律、法规规定的形式签订。《劳动法》第十九条规定，劳动合同应当以书面形式订立。这就是说劳动合同的形式是书面协议。如果当事人以口头形式签订劳动合同，则属形式上的违法合同。

程序和形式是劳动合同生命的表现形式。订立劳动合同的程序和形式合法，是劳动合同主体资格和内容合法的保证。如果订立劳动合同的程序和形式违法，就难以保证劳动合同的内容合法。比如用口头形式签订劳动合同，由于没有文字记载，就无法鉴别其内容是否符合法律、法规和政策规定，有无显失公平或其他问题，因而无法确认和保证劳动合同的合法性。

第五，订立劳动合同的行为必须合法。所谓行为合法，是指订立劳动合同的双方当事人必须用自己的实际行动体现劳动合同合法。订立劳动合同不是简单地签署一项书面协议，它涉及各个方面的政策。比如，国家在劳动用工方面废除了“内招”和“子女顶替”，而企业招工时，订立劳动合同的主体资格、形式、内容都是合法的，但其行为不符合国家政策，其不合法的行为被合法的形式及其他现象掩盖了。行为违法是当事人双方事先串通好的，所以尽管是自愿的、平等的，甚至其他条件是合法的，也属于违法合同。

## 二、订立劳动合同的程序

劳动合同订立的程序，是指签订劳动合同的过程。依照现行有关法规的规定，签订劳动合同的程序如下。

（1）公布招工简章。企业在招用合同制工人前，应先公布招工简章。招工简章包括两部分：一是招工条件；二是录用后的权利、义务。招工条件主要是所招收工人的工种或岗位，招工名额、对象及条件，招工地区范围等。录用后的权利、义务，主要是工资、福利待遇，劳动保护、保险，应遵守的规章制度等。

（2）自愿报名。符合条件的应招人员，可以结合自身条件和志愿，有选择地自愿报名。我国现行法规规定，应招人员，必须年满16周岁，身体健康，具有初中以上文化程度，现实表现好。

（3）全面考核。企业招用合同制工人，要进行德、智、体全面考核。考核的内容和标准，可以根据生产、工作需要有所侧重。招用学徒人员，侧重文化考核；招用技术工人，侧重专业知识和技能的考核；招用繁重体力劳动工人，侧重身体条件的考核。对重新就业的工人，应注重实际技能的考核。

（4）择优录用。企业对参加考核者，依据其考核成绩，择优录用，并张榜公布。同时在劳动部门办理有关录用手续。

（5）签订劳动合同。在平等自愿的基础上，双方当事人就劳动合同条款经协商一致后，正式签订劳动合同。双方的劳动法律关系也因签订劳动合同的生效而确立。

（6）劳动合同鉴证。在当前人们法制观念不强，劳动合同制实行不久的情况下，许多人不知道该怎样签订劳动合同。为了保证劳动合同法律效力的实现，有关部门规定对劳动合同实行鉴证制度。因此，订立劳动合同后应送劳动行政部门进行鉴证。

以上签订劳动合同的程序，一般也适用于集体企业、“三资”企业、私营企业和个体工商户招用、雇用劳动者时签订劳动合同的程序。

## 三、劳动合同的内容

(1) 用工单位的名称（全称）、所有制性质、法人资格、注册证件号码；劳动者的姓名、劳动手册及身份证号码。

(2) 双方在履行劳动合同中应遵守的国家法律、法规、政策及劳动纪律。包括考勤制度，岗位责任制度、安全文明生产制度、厂规厂纪，以及奖励惩处办法等。

(3) 劳动者在生产或工作上应该达到的数量指标、质量指标或者应当完成的生产、工作任务。

(4) 合同期限、试用期限。

(5) 企业的生产或工作条件。包括对劳动者的政治思想、职业道德、业务技术、安全生产等方面的教育培训；劳动防护用品、工作必需的劳动工具、工作环境等。

(6) 劳动报酬和保险福利待遇。包括劳动者在合同期的工资、奖金、津贴、补贴、养老、工伤、医疗等保险待遇等。

(7) 劳动者的工种、职务或职称。

(8) 变更、解除、续订劳动合同的条件和手续。

(9) 违反劳动合同应承担的责任及承担责任的方式。

(10) 用人单位在劳动合同书上盖法人公章或劳动合同专用章；法人代表或其合法代理人签名盖章；劳动者本人签名盖章；劳动合同鉴证机关的鉴证意见及盖章。

(11) 双方当事人认为需要在劳动合同中规定的其他事项。如住房、幼儿入托、子女入学等。

(12) 劳动合同生效的时间。

## 四、劳动合同的变更与解除

### (一) 劳动合同的变更

劳动合同的变更是指已经存在的合同关系，通过当事人双方再次协商，对原订条款作部分修改、补充或废除。通过权利义务关系的调整，使原订合同适应变化发展了的新情况，从而保证合同的继续履行。

劳动合同变更应当遵循以下原则。

（1）当事人提出变更合同的时间，必须是在合同的有效期内进行。即在合同生效以后到合同有效期届满之前，当事人还没有履行或没有完全履行合同义务的这段时期内进行。如果合同有效期届满，义务人又履行了全部义务，就不存在提出变更合同的条件。如果合同有效期届满，义务人尚未履行或尚未完全履行合同义务，这属于违约行为，这时无权提出合同变更要求。

（2）当事人提出变更合同的内容，只是变更原合同内容的一部分，而不是它的全部。如果变更原合同内容的全部，就不是合同的变更，而是对原合同的废止或订立新的合同。如果变更原合同少部分内容的条款是影响该合同全局效力的条款，也不是对原合同的变更，而是对原合同提前终止其法律效力。这种性质的变更，也不能叫作合同变更（如劳动合同改变为劳务合同等）。

（3）合同变更，一般是“修改”其内容条款，是指对原合同的内容做某些修订，增加或减少。这种变更条件的依据，要符合国家法律、政策和计划要求，只有这样，才能保证合同变更的法律效力。

（4）合同变更是一种双方的法律行为，必须经当事人双方协商一致，依法对合同内容做某些必要的修改而达成新的协议，任何一方不得单方面变更合同内容。合同除变更的条款外，原合同中未变的条款继续有效。

### （二）劳动合同的解除

劳动合同的解除，是指劳动合同有效成立后，当具备法律规定的劳动合同解除条件时，因当事人一方或双方的意思表示而使合同关系归于消灭的行为。

劳动合同解除具有以下特征。

（1）劳动合同的解除适用于合法有效的劳动合同。劳动合同只有在生效以后，才存在解除，无效劳动合同不发生合同解除。

（2）劳动合同解除必须具备法律规定的条件。劳动合同一旦生效，即具有法律约束力，非依法律规定，当事人不得随意解除劳动合同。我国法律规定的劳动合同解除条件主要有协商解除和法定解除。

（3）劳动合同一经解除，劳动合同尚存的权利义务不再履行。

# 第十章　诉讼法：司法正义的程序保障

## 第一节　崇尚程序正义

【经典案例】

被告人张某故意杀人（中止）案由某县人民检察院向县人民法院提起公诉，经开庭审理，县法院的办案人员认为本案定性存在问题，遂向市中级人民法院请示。市中级人民法院经审查认为本案被告人张某的行为应构成暴力干涉婚姻自由罪，不构成故意杀人（中止）罪，并给予答复。接市中级人民法院的答复后，县法院通知了县检察院。鉴于暴力干涉婚姻自由系自诉案件，县检察院遂撤回起诉，并通知被害人，告诉其可直接向县法院起诉。后被害人向县法院提起自诉，县法院受理后予以立案。

这里引入本案例的目的不是探讨定罪量刑，而是本案例所涉及的若干程序问题，即本案例中案件的定罪量刑能否向上级法院请示，本案能否由县检察院撤回起诉或由县法院驳回起诉、县法院应否受理本案被害人的自诉、人民法院能否变更指控罪名等问题。

通过本案例，人们应该知道，诉讼法与其他法律同样重要，在学习中我们要重视程序法。

### 一、程序正义的重要性

诉讼的程序正义对健全和完善我国社会主义法制建设具有重

要意义。依法治国，不仅依实体法，还要依程序法，程序正义在法制建设中居于枢纽位置。法治取决于一定形式的正义程序，一个国家和人民共同服从程序的状态和公正度是衡量该国法治程度的重要标准。缺乏公正程序的法治，是缺失理性和灵魂的法治，是难以协调运作的。只有程序正义和实体正义一样具有不可违反的法律尊严时，依法治国和法治现代化才能真正实现。

### （一）诉讼的含义和特征

#### 1. 诉讼的含义

从字义上看，“诉”，即告诉、叙述、控告、告发的意思；“讼”，即争辩是非曲直的意思。两个字合在一起，诉讼的基本含义就是经原告的告发、告诉或控告，由国家的权威机构解决原、被告之间的争议或者纠纷。作为现代法律含义的诉讼，是指国家的司法机关按照法定的程序解决各种案件争议的专门活动。

在我国，诉讼通常是指国家司法机关在当事人及其他诉讼参与人的参加下，按照一定的方式和程序，处理具体案件的活动。其基本类型有刑事诉讼、民事诉讼和行政诉讼三种。

#### 2. 诉讼的基本特征

（1）诉讼产生于社会冲突。当社会关系中的不同主体基于不同的利益要求发生冲突，而这种冲突不能或者不宜以自行和解、第三者调解或者国家行政性处理等方式解决，需要交付法律解决机制作出法律评价时，就产生了诉讼。

（2）诉讼是一种“三方组合”。在诉讼中，有三个主体，包括发生冲突的两方，即原告和被告，处理和解决冲突或纠纷的第三方，即法官。“三方组合”实质上是指诉讼的基本结构，它反映着各方在这一结构中的地位，决定着基本的诉讼关系和诉讼运行方式。当今世界各国的诉讼结构类型主要有大陆法系的职权主义和英美法系的当事人主义两种。

（3）诉讼是一套法律程序。换言之，诉讼具有规范性，表现在：第一，诉讼请求必须符合法律规范，不仅请求本身是法律所允许的，而且请求的根据必须在法律上是合理的；第二，诉讼的进行必须符合法律规范，按照法律预先确定的程序进行，不能由当事人或法官恣意妄为；第三，诉讼裁决的根据必须是法律规范，否则这种诉讼解决就失去了合法性和权威性。

（4）诉讼是一个运作过程。这个过程包括诉讼的准备（如事实调查、侦查）、提起诉讼、法院的审理和裁决、上诉或抗诉、上级法院的裁决等。

（5）诉讼是一种“公力救济”的有效形式。与“私力救济”所不同，诉讼作为“公力救济”的形式，其强制性、权威性极强，而且也满足了维护统治秩序的需要，体现了国家意志对冲突或纠纷解决的权威性的确定，成为最有效的一种合法的冲突解决手段。

### （二）诉讼法的概念和法律渊源

诉讼法，是由国家制定的，规定司法机关和诉讼参与人进行诉讼活动所必须遵守的行为规范的总和。也就是说，诉讼法是关于诉讼程序的法律，因此，也叫程序法。

我国现行的诉讼法有《中华人民共和国民事诉讼法》、《中华人民共和国刑事诉讼法》和《中华人民共和国行政诉讼法》。

## 二、增强程序正义观念

根据法律规定的内容的不同，我国目前的基本法可分为实体法和程序法。实体法是以规定与确认权利和义务以及职权和责任为主要内容的法律，如宪法、行政法、民法、商法、刑法等；程序法是以规定保证权利和职权得以实现或行使，义务和责任得以履行的有关程序为主要内容的法律，如行政诉讼法、行政程序法、民事诉讼法、刑事诉讼法、立法程序法等。

我国诉讼法根据诉讼任务和诉讼形式特点的不同，将诉讼分为民事诉讼、行政诉讼和刑事诉讼。民事诉讼，是指人民法院在当事人及其他诉讼参与人的参加下，审理和解决民事案件的活动。行政诉讼，是公民、法人或者其他组织在认为行政机关或者法律、法规授权的组织所作出的具体行政行为侵犯自己的合法权益时，在法定的期限内，依法定程序向人民法院起诉，并由人民法院对争议问题进行审理并作出裁决的活动。刑事诉讼，是指国家司法机关在刑事诉讼参与人的参加下，依法揭露犯罪、证实犯罪和惩罚犯罪的活动。为使这些诉讼活动顺利进行，并保障诉讼参与人的合法权益，国家制定了相应的法律，主要包括民事诉讼法、行政诉讼法和刑事诉讼法等。

通过公正司法，充分发挥法的社会功能，妥善处理新形势下人民内部矛盾和冲突，引导人民群众进行合理合法的利益表达，纠正不合理行为、制裁违法行为，消除社会不和谐关系，让权利受到尊重，规范法律权力，保障人民群众利益，维持良好的社会秩序，是司法机关的神圣职责。在司法活动的过程和结果中坚持和体现公平正义原则，维护司法公正是社会主义法治的必然要求，是人民群众对司法的殷切期望，也是执法活动的内在价值所在。没有司法公正，人民群众的利益就无法保障，和谐社会就无从谈起，公平正义也就成了一句空话。

司法公正包括实体公正和程序公正两方面内容。程序正义，又称为形式正义或诉讼正义，是对应于实质正义的一个概念，是指法律适用或执行阶段的正义。它起源于古老的“自然正义”（Natural Justice）原则，而这一原则又是起源于自然法观念。在古代，它是自然法、万民法和神法的基本内容。在近代英国，“自然公正”概念通常表示处理纷争的一般原则和最起码的公平标准，它包含了两项最低限度的程序公正标准，一是任何人不能审理自己或与自己有利害关系的案件，即任何人或团体不能成为自己案件的法官；二是任何一方的诉词都要被听取。

程序正义是防止司法腐败，保障公民的合法权益，解决司法实践中的困难问题的有效手段。正义的程序本身就是一种民主，程序正义的独立价值有利于促进司法程序的科学性和民主性，增强公民的权利意识和自主意识。正是在科学民主的程序保障下，通过公民主动的权利行使来制约法官的行为，才能防止权力滥用与腐败。

公正是司法工作的根本要求。实体的公正表明司法机关依据事实和适用法律作出的判决符合公正的要求。

判断实体公正的标准有：

第一，判决应以事实为依据。司法机关对案件的处理，只能以被合法证据证明了的事实和依法推定的事实作为适用法律的依据。

第二，适用法律要准确。对法律的正确适用并不能停留在对法条的援引上，还应对法理做进一步的阐释，只有在理解立法的宗旨和精神的基础上所作的判决，才能实现实体公正。

第三，裁判的结果要公正。

根据我国法律的规定，判断程序公正包含的基本原则有：

第一，独立性原则。审判机关只能服从法律，不能受上级机关、行政机关及个人的干涉。

第二，回避原则。办理案件过程中，不能有与办案人员有利害关系的人员存在，否则，该办案人员应放弃审理该案。

第三，公开性原则。司法过程和结果要对当事人和社会公开。

## 第二节　诉讼制度的基本内容

### 一、我国的民事诉讼法律制度

民事诉讼是指人民法院在双方当事人和其他诉讼参加人参加下，审理和解决民事案件的活动。它的特点是：人民法院的审判活动在全过程起着主导作用；参加诉讼的双方当事人的法律地位是平等的；审理和解决的是有关财产关系和人身关系的民事案件。

(一) 民事诉讼的主管与管辖

1. 主管

主管是指人民法院与其他国家机关、社会团体之间解决民事纠纷的分工和权限。《中华人民共和国民事诉讼法》（简称《民事诉讼法》）是保证民法实施的程序法，所以将民事法律关系发生的争议作为法院民事诉讼主管的对象。根据《中华人民共和国民法通则》第 3 条规定，人民法院受理公民之间、法人之间、其他社会组织之间以及它们相互之间因财产关系和人身关系提起的民事诉讼，适用本法的规定。

2. 管辖

管辖是指各级人民法院或同级人民法院受理第一审民事纠纷案件的权限分工。主要包括以下几种。

（1）级别管辖，是指上下级人民法院之间受理第一审民事案件的分工权限。它解决人民法院内部的纵向分工。我国实行“四级两审”制，共有四级人民法院，每一级人民法院都受理第一审民事案件。

（2）地域管辖，是指同级人民法院之间受理第一审民事案件的权限分工，它主要解决法院内部的横向分工问题。地域管辖又分为一般地域管辖和特殊地域管辖。

（3）专属管辖，是指法律规定某些特殊类型的案件专门由特定法院管辖。

（4）裁定管辖，是指法院以裁定的方式确定诉讼的管辖。民事诉讼法规定的裁定管辖有 3 种，即移送管辖、指定管辖和管辖权的转移。

### （二）民事诉讼当事人与代理人

#### 1. 民事诉讼当事人

民事诉讼当事人，是指因民事权利义务发生争议，以自己的名义进行诉讼，要求法院行使民事裁判权的人。狭义上的当事人，仅指原告和被告。广义上的当事人，还包括共同诉讼人、第三人。原告，是指为维护自己或自己所管理的他人的民事权益，而以自己名义向法院起诉，从而引起民事诉讼程序发生的人。被告，是指被原告诉称侵犯原告民事权益或与原告发生民事争议，而由法院通知应诉的人。共同诉讼，是指当事人一方或双方为两人以上的诉讼。原告为两人或两人以上的称共同原告；被告为两人或两人以上的称为共同被告。

共同原告和共同被告都叫作共同诉讼人。民事诉讼的第三人，是指对原告和被告所争议的诉讼标的有独立的请求权，或者虽然没有独立的请求权，但与案件的处理结果有法律上的利害关系，而参加到正在进行的诉讼中去的人。

#### 2. 诉讼代理人

诉讼代理人，是指根据法律规定或当事人的委托，代当事人进行民事诉讼活动的人。民事诉讼代理人包括法定诉讼代理人、委托诉讼代理人和指定代理人 3 类。

（1）法定代理人。法定代理人是指依据法律规定直接行使代理权的人。这种代理关系是基于有一定的身份关系或监护关系而发生的，无诉讼能力的人由他的监护人作为法定代理人。

（2）指定代理人。指定代理人是指依据人民法院的指定行使代理权的人。这种代理权根据法院的指定而发生。法定代理人推诿代理责任的由人民法院指定其中一人为代理人。

（3）委托代理人。委托代理人是指依据被代理人的委托行使代理权的人。这种代理关系因被代理人的委托而产生。委托他人代为诉讼，必须向人民法院提交由委托人签名或盖章的授权委托书，记明委托事项及权限。

### (三) 民事诉讼中的强制措施

我国民事诉讼法规定了 5 种强制措施，即拘传、训诫、责令退出法庭、罚款和拘留。

#### 1. 拘传的适用

对必须到庭的被告经人民法院两次传票传唤，无正当理由拒不到庭时，才能适用拘传。必须到庭的被告包括追索赡养费、抚养费、抚育费案件的被告；不到庭无法查明案件事实的被告。此外，如果被告是给国家、集体造成损害的未成年人，其法定代理人无正当理由不到庭，也可以适用拘传。

适用拘传必须经人民法院院长批准，签发拘传票。独任审判员或者合议庭只能提出拘传的建议，无权决定拘传。

#### 2. 训诫和责令退出法庭的适用

训诫和责令退出法庭是针对轻微扰乱法庭秩序的行为人所适用的强制措施，独任审判员或者合议庭直接作出口头决定，即可采取。但是，一般应当先适用训诫，经过训诫仍然扰乱法庭秩序，可以责令行为人退出法庭。

#### 3. 罚款的适用

根据《民事诉讼法》第一百一十五条的规定，对个人的罚款，为人民币 10 万元以下；对单位的罚款为人民币 5 万元以上 100 万元以下。采取罚款措施由院长批准，制作罚款决定书。被罚款人不服，可以申请复议一次。但是，复议期间不影响罚款决定书的效力。

#### 4. 拘留的适用

拘留只能针对严重妨害诉讼的行为人适用，拘留的期限为 15 日以下。

适用拘留措施由人民法院院长批准，制作拘留决定书。被拘留人不服，可以申请复议一次；被拘留人提出复议申请后，上级人民法院应当及时复议，如果发现拘留不当，应当及时口头通知解除拘留，然后在3日内补作复议决定书。

针对一个行为人的同一个具体妨害民事诉讼秩序的行为，罚款和拘留只能适用一次，不得重复适用；但是，可以并列适用罚款和拘留的强制措施。如对当事人在诉讼过程中恶意变造重要证据的行为，如果人民法院认为该行为已严重妨害了诉讼秩序，可以对该行为人既适用罚款措施，又适用拘留措施。最高人民法院《关于适用〈中华人民共和国民事诉讼法〉若干问题的意见》第118条规定，罚款、拘留可以单独适用，也可以合并适用。第119条规定，对同一妨害民事诉讼行为的罚款、拘留不得连续适用。但发生了新的妨害民事诉讼的行为，人民法院可以重新予以罚款、拘留。

### （四）民事诉讼程序

#### 1. 审判程序

人民法院审理民事纠纷案件，除简单的民事纠纷案件外，都适用第一审普通程序。主要包括起诉与受理、审理前的准备、开庭审理、宣判等。简易程序，是简化了的普通程序，是基层人民法院及其派出法庭审理简单民事案件所运用的一种独立的简便易行的诉讼程序。第二审程序，是指当事人不服第一审裁判，在上诉期内提出上诉，由上一级人民法院对案件进行审理的程序。上诉必须在法定的上诉期限内提出。审判监督程序，即再审程序，是指人民法院发现已经发生法律效力的判决或裁定确有错误，对案件依法重新审理并作出裁判的一种特殊程序。

#### 2. 民事诉讼的特别程序

特别程序是法院对非民事权益冲突案件的审理程序。特别程序的适用范围包括选民名单案件；宣告失踪人死亡案件；认定公民无行为能力或者限制行为能力的案件；认定财产无主案件。督促程序是指人民法院根据债权人要求债务人给付金钱或者有价证券的申请，向债务人发出有条件的支付命令，若债务人逾期不履行，人民法院可强制执行的程序。督促程序的适用范围包括在债权债务关系清楚，并要求给付金钱和有价证券的案件；债权人与债务人没有其他债务纠纷；支付令能够送达债务人。公示催告程序是指人民法院根据当事人的申请，以告示的方法，催告利害关系人，在法定期间内申报权利，到期未申报权利，人民法院根据票据持有人的申请可依法宣告该票据无效的程序。企业法人破产还债程序是指人民法院根据债权人或债务人的申请，对因严重亏损，无力清偿到期债务的企业法人，宣告破产，进行清产还债的法律程序。

3. 执行程序

执行程序是指人民法院根据一方当事人的申请或依职权采取法定措施，强制不履行义务的一方当事人履行已经发生法律效力的民事判决、裁定、调解书及其他法律文书的程序。执行开始有两种情况，一是申请执行，二是移送执行。申请执行是指依据生效法律文书享有权利的一方当事人，在义务人拒绝履行义务时，向人民法院申请强制执行的行为。申请执行必须具备以下条件：申请人必须是生效法律文书中权利一方；申请执行的期限，双方或一方当事人是公民个人的为1年，双方是法人或其他社会组织的为6个月；必须向有管辖权的人民法院递交申请执行书。移送执行是指由案件的审判人员直接将案件交付执行人员执行。移送执行主要适用于以下几类案件：判决、裁定具有给付赡养费、抚养费、抚育费等内容的案件；具有财产给付内容的刑事判决书、裁定书；审判人员认为涉及国家、集体或公民重大利益的案件。

## 二、我国的行政诉讼法律制度

行政诉讼是指人民法院根据公民、法人和其他组织的请求，依法审理和解决行政案件的活动。它的特点是：①它由行政管理活动中的被管理者公民、法人或其他组织提起。②被告只能是作出某一具体行政行为的特定的行政机关，而不能是任何行政机关。③它是被管理者认为某一具体行政行为致使其合法权益受到了侵犯而请求司法保护的诉讼。④它以行政机关的某一具体行政行为是否合法为裁判对象。

行政诉讼法是规定人民法院在当事人及其他诉讼参加人参加下审理行政案件中进行各种诉讼活动所应遵循的程序制度的法律规范总称。我国的《中华人民共和国行政诉讼法》（简称《行政诉讼法》）是 1989 年 4 月 4 日第七届全国人大第二次会议通过颁布，于 1990 年 10 月 1 日起施行的。

### （一）行政诉讼的受案范围和管辖

我国行政诉讼的受案范围和管辖是既有联系又有区别的概念。受案范围是管辖的前提和基础，管辖是受案范围的具体化和落实。

#### 1. 行政诉讼的受案范围

行政诉讼的受案范围是指法律所规定的人民法院所受理的行政案件的范围，或者说是人民法院解决行政争议的范围和权限。我国行政诉讼法规定的人民法院应当予以受理的行政案件有：行政处罚案件；行政强制措施案件；侵犯法律规定的经营自主权案件；行政许可案件；不履行法定职责案件；抚恤金案件；违法要求履行义务案件；其他侵犯人身权、财产权案件；法律、法规规定可以起诉的其他行政案件。人民法院不受理的案件有：国防、外交等国家行为；行政法规、规章或者行政机关制定、发布的具有普遍约束力的决定、命令；行政机关对行政工作人员的奖惩、任免等决定；法律规定由行政机关最终裁决的具体行政行为。

#### 2. 行政诉讼的管辖

行政诉讼的管辖是指关于不同级别和地方的人民法院之间受理第一审行政案件的权限分工，是涉及行政审判组织体系、公民诉权保护、宪政分权体制等基本问题的重要诉讼法律制度。行政诉讼管辖的种类包括级别管辖、地域管辖和裁定管辖。级别管辖是不同审级的人民法院之间审理第一审行政案件的权限划分。地域管辖是同级人民法院之间受理第一审行政案件的权限分工。行政案件原则上由最初作出具体行政行为的行政机关所在地人民法院管辖。对于经过行政复议的行政案件、限制人身自由强制措施的行政案件以及涉及不动产行政案件的管辖，法律作出了特殊规定。

（二）行政诉讼参加人

行政诉讼参加人是指因与引起争议的具体行政行为存在直接利害关系，而参加行政诉讼的整个过程或者主要阶段的人，以及与他们的诉讼地位相类似的人，包括当事人和诉讼代理人。

1. 原告

行政诉讼原告是指认为行政机关的具体行政行为侵犯其合法权益，而依法以自己的名义向人民法院起诉的公民、法人或者其他组织。原告的法律特征是：

（1）认为行政机关的具体行政行为侵犯其合法权益。这既是原告的特征之一，也是对原告资格的规定。

（2）以自己的名义向人民法院起诉。

（3）受人民法院的裁判拘束。

2. 被告

行政诉讼被告是指作出原告认为侵犯其合法权益并向人民法院提起诉讼的具体行政行为，而由人民法院通知应诉的行政机关或者法律、法规授权的组织。其具有以下特征。

（1）被告只能是行使行政管理权、作出具体行政行为的行政机关或法律、法规授权的组织。这既是行政诉讼的特征，也是被告的首要特征。

（2）其作出的具体行政行为被原告指控侵害其合法权益。

（3）以自己的名义应诉，并受人民法院裁判拘束。

3. 共同诉讼人

在通常情况下，一起行政案件中只有一个原告和一个被告。但在特殊情况下，也会发生某些行政案件的原告是两个以上的公民、法人或者其他组织，或者被告是两个以上的行政机关，或者原告、被告双方均为两个以上主体的情况。《行政诉讼法》规定，当事人一方或者双方为两人以上，因同一具体行政行为发生的行政案件，或者因同样的具体行政行为发生的行政案件，人民法院认为可以合并审理的为共同诉讼。共同诉讼案件的当事人即为共同诉讼人。原告一方是两个或者两个以上主体的，称为共同原告；被告一方是两个或者两个以上主体的，称为共同被告。

4. 第三人

行政诉讼中的第三人，是指与提起诉讼的具体行政行为有利害关系的其他公民、法人或者其他组织以及行政机关。

5. 诉讼代理人

行政诉讼代理人的种类与民事诉讼代理人相同。实践中需要注意的问题是，复议机关改变原具体行政行为的，复议机关为被告，但复议机关可以委托原裁决机关的工作人员 1~2 人作为诉讼代理人，也可以依法委托其他工作人员或律师作为诉讼代理人。

（三）行政诉讼程序

1. 起诉与受理

起诉是指公民、法人或者其他组织认为行政机关的具体行政行为侵犯其合法权益，依法请求人民法院行使国家审判权给予救济的诉讼行为。提起行政诉讼应符合以下条件：原告是认为具体行政行为侵犯其合法权益的公民、法人或者其他组织；有明确的被告；有具体的诉讼请求和事实根据；属于人民法院受案范围和受诉人民法院管辖。受理是指人民法院对起诉人的起诉进行审查，对符合法定条件的起诉决定立案审理，从而引起诉讼程序开始的职权行为。经过审理，认为起诉缺乏充分理由的，应当裁定不予受理。起诉人对裁定不服的，可以提起上诉。

2. 行政诉讼的第一审程序

行政诉讼的第一审程序是指人民法院对行政案件进行初次审理的全部诉讼程序，是行政审判的基础程序，具体包括审理前的准备和庭审。审理前的准备，主要包括组成合议庭、交换诉状、处理管辖异议、审查诉讼文书和调查收集证据、审查其他内容。庭审是受诉人民法院在双方当事人及其他诉讼参与人的参加下，依照法定程序，在法庭上对行政案件进行审理的诉讼活动。根据行政诉讼法的规定，行政诉讼第一审程序必须进行开庭审理。一般的庭审程序分为六个阶段：开庭准备、开庭审理、法庭调查、法庭辩论、合议庭评议、宣读判决。人民法院审理第一审行政案件，应当自立案之日起 3 个月内作出判决。

3. 行政诉讼的第二审程序

行政诉讼的第二审程序与民事诉讼的第二审程序相似。二审法院审理上诉行政案件后，根据不同情况，可以作出维持判决和依法改判两种类型的判决和发回重审的裁定。

4. 审判监督程序

审判监督程序是人民法院发现已经发生法律效力的判决、裁定违反法律、法规，依法对案件再次进行审理的程序。它不是必须经过的审理程序，不具有审级的性质。审判监督程序包括再审程序和提审程序。

再审程序是指人民法院为了纠正已经发生法律效力的判决、裁定的错误，依照审判监督程序对案件再次进行审判的活动。再审分为自行再审和指令再审。提审程序是指上级人民法院按照审判监督程序对下级人民法院裁判已经生效的行政案件进行审理的活动。

审判监督案件的审理分别适用第一、第二审程序。只经过第一审程序审结的案件，无论是自行再审或指令再审，仍适用第一审程序，作出的裁判是第一审裁判，当事人不服，可以提出上诉；凡经过第二审程序审结的案件，无论是自行再审或指令再审，只能适用第二审程序，所作裁判为终审判决，当事人不服不得上诉；凡是最高人民法院或上级人民法院按照审判监督程序提审的案件，应按第二审程序进行审理，所作裁判为终审裁判，当事人不得上诉。

5. 执行程序

行政案件的执行是指人民法院按照法定程序，对已经生效的法律文书，在负有义务的一方当事人拒不履行义务时，强制其履行义务，保证生效法律文书的内容得到实现的活动。

# 主要参考文献

叶俊，赵奋涛，彭勇良，2019. 职业道德与法律［M］. 长沙：湖南师范大学出版社.

张伟，2019. 职业道德与法律［M］. 北京：高等教育出版社.

周雷，张志勇，2019. 职业道德与法律［M］. 郑州：河南大学出版社.